中国人民警察大学学科建设专项经费资助

灭火救援现场消防员空气呼吸器应用技术

李剑锋　编著

Application Technology of Firefighters' Air Breathing Apparatus in Firefighting and Rescue Scenes

化学工业出版社

·北京·

内容简介

《灭火救援现场消防员空气呼吸器应用技术》面向灭火救援实战，较为系统地介绍了消防员空气呼吸器的使用技术。全书共分7章，分别为空气呼吸器与人体呼吸生理、空气呼吸器基本操作技术、佩戴空气呼吸器搜索技术、佩戴空气呼吸器救人技术、佩戴空气呼吸器自救技术、被困消防员救援技术和佩戴空气呼吸器消防员安全管理。

本书可供国家综合性消防救援队、专职消防队消防员和应急救援人员阅读参考。

图书在版编目（CIP）数据

灭火救援现场消防员空气呼吸器应用技术 / 李剑锋编著. -- 北京 : 化学工业出版社, 2025. 12. -- ISBN 978-7-122-49173-2

Ⅰ. TU998. 13

中国国家版本馆CIP数据核字第202563TF74号

责任编辑：林 媛 窦 臻　　文字编辑：王晶晶 师明远
责任校对：王鹏飞　　装帧设计：史利平

出版发行：化学工业出版社（北京市东城区青年湖南街13号 邮政编码100011）
印　　装：涿州市般润文化传播有限公司
710mm×1000mm 1/16 印张18¾ 字数210千字 2026年2月北京第1版第1次印刷

购书咨询：010-64518888　　售后服务：010-64518899
网　　址：http://www.cip.com.cn
凡购买本书，如有缺损质量问题，本社销售中心负责调换。

定　　价：108.00元

前言

空气呼吸器是重要的消防员个人防护装备，消防员在佩戴空气呼吸器灭火与应急救援过程中，时刻面临高温、浓烟、坍塌、接触有毒物质等多种危险，伤亡事故时有发生。在确保自身安全的前提下，消防员还需要完成搜索、救人、灭火等繁重的任务，一旦发生消防员迷失、受伤、被困等突发情况，消防员要能够自救；其他消防员则需要对被困消防员展开救援。上述作业消防员需要全程佩戴空气呼吸器。空气呼吸器的结构、体积、重量、使用时间等因素，给现场行动和操作造成很大的影响，例如：加大通过障碍的难度、影响采用的救人方法、限制作业的时间等，空气呼吸器现场使用技术需要进行专门系统的研究。

笔者在多年教学和科研的基础上，吸收国内外关于空气呼吸器现场使用技术的最新成果和先进做法，从空气呼吸器结构、原理和人体呼吸生理入手，介绍了空气呼吸器组装、检查、佩戴、卸装等基本操作技术；详细阐述了佩戴空气呼吸器消防员基本搜索，导向绳搜索，拖拽救人，楼梯救人，拉梯救人，缠绕解除，通过狭小空间，延时呼吸和利用水带、绳索、拉梯自救技术，以及被困消防员呼吸保护、拖拽救援、楼梯救援、拉梯救援技术；分析了消防员佩戴空气呼吸器内攻中的危险和问题，阐述了气量管理的方法；介绍了现场安全管理装备，探讨了消防员安全管理措施。

在编著过程中，笔者力求将理论与实战相结合，既注重吸收国外的做法和成果，又注意符合我国灭火救援实际要求，突出技术的实用性和可操作性。本书注重技术细节的阐述和展示，图文并茂，语言简练。

本书在编著的过程中，参考并引用了相关教材、专著和论文的内容，在此向原作者表示感谢！为便于技术操作展示，本书拍摄了大量照片，感谢所有参与拍摄的同学的辛苦付出！感谢中国人民警察大学救援指挥学院、室内烟火特性训练团队及火凤凰学生社团的支持！同时，本书的编写还得到中国人民警察大学、化学工业出版社的大力支持和帮助，一并表示感谢！

由于理论水平和实践经验所限，书中难免存在疏漏和不妥之处，恳请广大读者予以批评指正，不吝赐教，请将意见建议发送至电子邮箱li126jianfeng@126.com，在此表示衷心感谢！

编著者

2025年3月

目录

第一章 空气呼吸器与人体呼吸生理

第二章 空气呼吸器基本操作技术

第三章 佩戴空气呼吸器搜索技术

第七章 佩戴空气呼吸器消防员安全管理

参考文献

第一章 空气呼吸器与人体呼吸生理

第一节　空气呼吸器的发展历程

呼吸器的产生可追溯到17世纪50年代，当时煤矿事故频发，矿工死亡人数日益增多，大量财产遭受严重损失，在这种危急的情况下，防毒面具、人体呼吸保护器具诞生了，这种装置的诞生为煤矿井下事故的应急救援提供了技术保障，为人类做出了巨大贡献。370多年来，多种类型的呼吸器（过滤式、供气式、生氧式）组成了现代个人呼吸保护体系，给人类的呼吸道提供了有效保护。时至今日，空气呼吸器已应用到有毒有害气体、化学污染物、高温、浓烟、缺氧等环境下进行作业和救援的场合中，为使用者提供呼吸保护，保障生命安全。

1903年，德国德尔格公司的布恩哈·德尔格教授设计的闭路自给式氧气呼吸器，采用杠杆式平衡减压器和恒流供氧方式，其主要部件包括：氧气瓶、减压器、气囊、清净罐、口具、旁路阀等。1918年，美国矿业局联合哥伦比亚大学机械工程系W.E.吉伯斯教授发明了肺动供氧呼吸器。1925年，美国梅思安公司G.S.梅克加设计的氧气呼吸器被广泛使用，其呼吸软管从手臂下跨过，选用全面罩或口罩，氧气流动效率高，呼吸阻力低。1927年，日本设计了川崎1型氧气呼吸器，随后又研制了20多种规格型号，1952年，川崎7型氧气呼吸器被推广使用，重量13.7 kg，使用时间4h。1953年，我国在辽宁省抚顺市成立了国营抚顺煤矿安全仪器厂，以苏联比较成熟的PKK-1、PKK-2型呼吸器技术为基础，成功研制了我国第一代AHG-2、AHG-4型负压氧气呼吸器。

20世纪40年代又发明了正压式空气呼吸器。20世纪50年代空气呼吸器配备到消防领域。正压式空气呼吸器是一种自给式开放式呼吸器。在进行灭火救援时，消防救援人员佩戴正压式空气呼吸器进入作业现场，以应对浓烟、有毒有害气体、蒸汽或缺氧等恶劣条件，从而有效保障消防员的生命安全。

空气呼吸器的发展历程大致可分为三个阶段：

第一阶段自19世纪50年代到20世纪初，随着工业化革命的进程，空气呼吸器成为一种应运而生的产品。当时的空气呼吸器为负压式空气呼吸器（面罩内压力低于环境压力）。由于当时材料科学研究方面还处于较低级阶段，设计的产品体积大、笨重、携带不方便、压力低、有效使用时间短。

第二阶段自20世纪初到20世纪80年代，这个阶段是空气呼吸器发展的成长阶段。在这个阶段中，发明了正压式空气呼吸器，使得空气呼吸器发生了革命性的改变。正压式空气呼吸器因其使用安全系数高、呼吸感觉舒畅的优势成为空气呼吸器发展的主流方向。德国的德尔格公司和AUER公司在欧洲市场大展身手。1975年，德尔格公司生产的PA80型空气呼吸器凭借其在当时的技术优势，成为正压式空气呼吸器国际标准制定的参照标杆。

德国AUER公司在20世纪30年代开发的PA37/1600型空气呼吸器应用于潜水作业。20世纪50年代的BD55型空气呼吸器配备到市政消防领域。

第三阶段自20世纪80年代至今。这个阶段是空气呼吸器发展的成熟阶段。传统空气呼吸器的设计原理越趋成熟，空气呼吸器材料的选用也达到了新的高度，防化学、防老化、耐高温的特种橡胶材料成为空气呼吸器面罩的主要选材。防火或者阻燃的Kevlar芳纶纤维材料被广泛应用到空气呼吸器的织带中，提高了空气呼吸器的携带安全性。航空航天用的高强度碳纤维也被用到工业空气呼吸器的气瓶增强包辅材中，使得气瓶的整体质量只相当于钢瓶的三分之一左右。

20世纪70年代末，我国消防、煤矿、石油化工系统开始引进许多比较先进的空气呼吸器。当时的空气呼吸器为负压式空气呼吸器。气瓶为钢制气瓶，气瓶容量为1.1 ～ 1.2L，充气压力为20MPa。

1982年公安部上海消防科学研究所（现为应急管理部上海消防研究所）和上海潜水装备厂合作，成功研制了我国第一代HZK-7型消防负压式空气呼吸器。1988年，研制出我国第一代正压式空气呼吸器。空气呼吸器由负压到正压，这是技术上的重大突破。80年代末，美国梅思安的产品进入中国。90年代中期，美国斯科特公司、法国巴固公司等国外公司产品相继进入中国，推动了正压式空气呼吸器的迅速发展。

进入21世纪后，国内新兴的空气呼吸器生产商相继诞生。中国空气呼吸器生产进入了成熟发展阶段。随着新技术、新材料、新工艺的大量运用，碳纤维缠绕铝合金内胆复合气瓶在中国应运而生。它的诞生，使正压式空气呼吸器整套装具的佩戴质量减轻了30%，从而有效地降低了消防员及抢险救援人员的负荷，保证了灭火战斗及抢险救援工作的顺利进行。

近年来，空气呼吸器新产品、新技术发展迅速，出现了40MPa气瓶压力的空气呼吸器，延长了空气呼吸器的使用时间；空气呼吸器与红外热成像仪结合，在空气呼吸器面罩加装小型红外热成像仪，解放了消防员的双手，增强了消防员火场态势感知与被困人员搜索能力；空气呼吸器物联网技术发展迅速，实现了气瓶压力、消防员生理指标、位置的实时传输与监控，提升了消防员安全管理技术，进一步加强了消防员现场作战安全。

第二节　人体呼吸生理

人体呼吸，是人类最基本的生理需求和最重要的生命活动，基本功能也像任何动物机体一样，是物质和能量的代谢。有生命的生物对大气有着特殊的依赖作用，人类需要呼吸空气中的氧来维持生命。所有生物在呼吸时，都从空气中吸进氧气排出CO_2。机体活动所需要的能量是体内物质在进行氧化时所释放出的，氧化过程需要吸收氧并放出CO_2。人体呼吸系统的呼吸过程是在洁净的空气中完成的，而在特定环境中呼吸，就必须借助呼吸防护装置，以改变在特定条件下的呼吸环境。

一、人体的呼吸过程

（一）呼吸运动

呼吸运动是指在呼吸神经中枢支配下，由呼吸肌的收缩和舒张引起的胸廓节律性扩大、缩小的运动，包括吸气运动和呼气运动。吸气时，肋间外肌和膈肌收缩，使胸腔前后径、横径、上下径变大，肺也随之扩大，吸入氧气；呼气时，肋间外肌松弛、膈肌上升，胸廓由于本身弹性恢复，胸腔变小，肺也随之缩小，肺内压升高，排出CO_2。在平静呼吸时，吸气是主动的，呼气是被动的。急促呼吸时，呼气和吸气都是主动的。深吸气后做最大深呼吸所能呼出的气量称为肺活量。

平静呼吸是指安静状态下，平稳均匀的呼吸运动。每分钟呼吸运动的次数，称为呼吸频率。平静呼吸的呼吸频率约12～18次/min。平静呼吸时，吸气运动是由膈肌和肋间外肌收缩来完成的。当膈肌收缩时，膈穹隆下降，使胸廓的上下径增大。肋间外肌收缩时，肋骨上下位移，胸骨也随之上移，从而使胸廓的前后径和左右径增大，胸腔容积的加大引起肺容积增大，肺内压力降低，当低于大气压时，外界气体进入肺内，完成吸气。平静呼吸时，呼气运动不是由呼气肌收缩引起的，而是由膈肌和肋间外肌舒张所致。膈肌和肋间外肌舒张时，膈穹隆、肋骨和胸骨均回位，胸腔和肺容积随之缩小，使肺内压升高，当高于大气压时，肺内气体被呼出，完成呼吸。人在劳动或运动时用力加深的呼吸，称为用力呼吸或深呼吸。

肺通气量是指在单位时间内进入或呼出肺的气体总量。其计算方法为：

$$肺通气量=潮气量\times 呼吸频率$$

平静状态下，正常成年人呼吸频率为12～18次/min，潮气量为500mL，则肺通气量为6～9L/min。肺通气量随性别、年龄、身材和活动量不同而有差异。从事重体力劳动或剧烈运动时，通气量增大。重体力劳动时，最大肺通气量可达70～120L/min。

由于每个肺泡都具有几乎相同的弹性，因此可以同时向支气管排出所充满的空气。但是整个肺部的肺泡却不能同时都吸入空气。开始时，新鲜空气先进入与支气管相近的肺泡，然后进入肺根部的肺泡。缓慢而深沉的呼吸才能给予充分时间使空气均匀地分布在肺中，从而在气体交换中充分利用肺泡的全部表面。快速而表浅的呼吸，时间不足，空气分布不均匀，一部分肺泡进气较多，另一部分则没有空气进入，导致流入肺泡毛细血管的血液不能充分地参加气体交换。由此可见，正常的呼吸状态应是频率较低，呼吸深度较大且用力均匀。训练有素的人在劳动时就是这样的呼吸状态，这对正确使用空气呼吸器十分重要。

本能的呼吸运动由大脑中的呼吸中枢来调节，代谢生成的CO_2从肌肉或其他器官扩散到血液中，经血液循环带到呼吸中枢。正常的血液中总含有一定量的CO_2，以$HbCO_2$形式存在。血中CO_2含量增加时对呼吸中枢有刺激作用，促进它的活动力并使其兴奋，从而加强了呼吸运动，以此保证从血中排出CO_2和补偿氧气的不足。降低血中CO_2浓度则引起相反的效果。这说明少量增加环境空气中CO_2浓度能增加肺的通气量。

（二）生理无效腔和肺泡通气量

生理无效腔是指从鼻腔到肺泡没有气体交换功能的管腔，它包括解剖无效腔和肺泡无效腔。从鼻腔到终末细支气管这段呼吸道只是气体进出肺的通道，气体在此并不能与血液进行气体交换，称为解剖无效腔。此外，进入肺泡中的气体，也可因血液循环而不能充分与血液进行气体交换，未能发生气体交换的这一部分肺泡容量，称为肺泡无效腔。肺泡无效腔与解剖无效腔一起，合称生理无效腔，其容量正常人约为150mL。解剖无效腔的存在，使每分钟通气量中有一部分气体不能与血液进行气体交换，每分钟通气量并不等同于能和血液进行气体交换的有效通气量。

肺泡是气体交换的场所。肺泡通气量是指人每分钟吸入肺泡的新鲜空气量，由于这部分气体一般情况下都能与血液进行气体交换，因此，肺泡通气量也称为有效通气量。其计算方法为：

肺泡通气量=（潮气量−生理无效腔气量）×呼吸频率

平静呼吸时，潮气量为500mL，呼吸频率为12次/min，则肺通气量为6000mL/min，而肺泡通气量为4200mL/min，相当于每分钟肺通气量的70%。

由于生理无效腔的存在，呼吸方式的变化对肺泡通气量和每分钟通气量的影响是不同的，由表1-1可以看出，浅快呼吸潮气量减半、呼吸频率加倍，肺通气量为6000mL/min，而肺泡通气量为2400mL/min；深慢呼吸潮气量加倍、呼吸频率减半，肺通气量为6000mL/min，而肺泡通气量为5100mL/min；平静呼吸、浅快呼吸、深慢呼吸三种方式肺通气量均为6000mL/min，肺泡通气量相差很大，分别为4200mL/min、2400mL/min、5100mL/min，深慢呼吸肺泡通气量是浅快呼吸的两倍多，深慢呼吸的呼吸效率最高。因此，在使用空气呼吸器时，消防员应养成深慢呼吸（增大潮气量）的习惯，避免浅快呼吸，延长空气呼吸器的使用时间。

表1-1　不同呼吸方式下的耗气速度

呼吸方式	潮气量/mL	呼吸频率/（次/min）	肺通气量/（mL/min）	肺泡通气量/（mL/min）
平静呼吸	500	12	6000	4200
浅快呼吸	250	24	6000	2400
深慢呼吸	1000	6	6000	5100

（三）氧的生理作用与输送过程

氧气吸入人体被消耗，首先变成热量，然后再转化成人的机械运动和精神活动等机体生命运动的能量。这是一个生物化学活动的过程，其规律符合能量守恒等物理、化学方面的规则。

人时时刻刻都在释放能量，这些能量分别以热量、机械力、思维、智力、情绪和声音等各种形式释放出来。这些能量都是从食物氧化过程中获得的。在人体细胞的作用下，食物中的碳、氢、氮、硫等元素，与氧化放出的能量和营养被人体吸收，同时生成CO_2、H_2O、尿素和硫酸盐以及未被消化的食物残渣等排泄物，这就是人体中的氧化过程。

人体氧化过程中产生的排泌物通过肺、肾脏、皮肤、大肠等机体器官排出体外，如呼气、汗水、尿和大便等。这一过程叫作代谢作用，也称为新陈代谢。由此可见，氧是人体代谢中最关键的元素，是人体获得能量所必需的，假如停止对人体供氧，人体就不能再进行氧化过程，也就意味着细胞体的生命运动停止，人很快就会死亡。

当人吸气时，空气中的氧是通过人的鼻孔或嘴，经喉、气管、支气管等被吸入人的左右肺的。肺的主要功能和作用就是吸入氧化过程所需要的氧气，然后排出氧化过程所产生的代谢物——H_2O、CO_2，也就是说肺主管吸入和呼出。气管是一根粗管，管外有环节软管支撑着。它分叉出若干支气管，支气管又分叉出更多的小支气管，小支气管又分叉出若干毛细支气管，最后在终端形成密密麻麻、难以胜数且相互连在一起的小口袋状的软组织，叫作肺泡。整个状态就像树枝、树杈、树叶、树冠一样。肺泡是柔软、富有弹性、壁很薄的纤维组织，其上面又布满着毛细血管，所以气体很容易透过薄壁进行扩散。扩散的方向取决于其两边气体的分压大小。当吸气时，肺泡中获得的空气中氧分压比血液中氧分压大，氧气从肺泡扩散到血液中去；呼气时，血液中CO_2分压比肺泡中气体CO_2分压大，CO_2从血液中扩散到肺泡中来。亦即呼吸过程中，血液吸收了空气中的

O_2，放出了CO_2和水汽。

人体中的血液，依靠心脏泵血在体内以闭路循环的方式持续流动。心脏就像水泵，其扩张与收缩使血液进行肺循环和体循环，从而把吸收的氧输送到人体各个角落。当心脏收缩时，右心室把血液压入肺动脉，再进入肺泡的毛细管中，并在肺泡内吸收氧气，放出CO_2完成气体交换。由于肺泡总表面积达80～90m^2，吸收氧气的红细胞表面积更大，达280m^2（成年人），所以气体交换的速度相当快，在很短的时间内就能完成，呼吸瞬间就能保证完全、彻底交换。肺泡血管又同肺静脉血管连在一起，静脉管的终端同左心房连在一起。这样，吸收了氧气的血液，在心脏收缩时由左心房进入左心室，再鼓入大动脉和分支动脉血管，流通到人体各个部分的分支动脉血管网，再经分支，最后到达身体各部组织与肌肉中的毛细血管。这里，血液中带来的氧气便在机体内进行氧化作用，并使毛细管内的血液进行气体交换，带走氧化产生的CO_2和水汽——呼吸代谢产物，然后汇集到人体静脉中，由人体静脉进入右心房，再由右心房到右心室，再一次进入肺中，完成上述循环。因此，血液在人体中进行两个循环：一个叫作小循环，也叫作呼吸循环、肺循环；另一个叫作大循环，又叫作体循环。一个健康人的血液经所有身体组织循环一次约为23s。血液循环系统如图1-1所示。

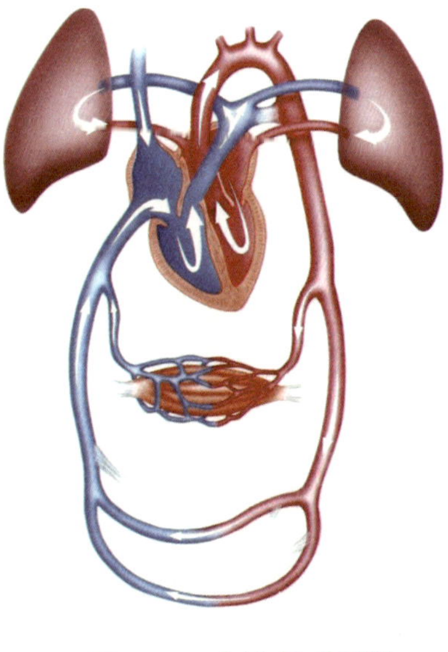

▲图1-1　血液循环系统

在人体血液中，能载O_2和CO_2进行气体交换的物质是血红蛋白，它是红细胞中的主要物质。假设血红蛋白用符号Hb表示，那么在毛细血管中与O_2和CO_2进行气体交换时有以下化学平衡方程式：

$$HbO_2+CO_2 \rightleftharpoons HbCO_2+O_2 \tag{1-1}$$

当静脉血经心脏肺动脉进入肺部时，血中多半为载CO_2血红蛋白（$HbCO_2$），在肺中与吸入空气进行气体交换，新鲜空气中的O_2分压高，促使反应式（1-1）的平衡向左移动，变成载氧血红蛋白（HbO_2）和CO_2。含氧血红蛋白高的血液由肺经肺静脉、心脏而进入大动脉，再到身体各部分和身体的细胞组织如肌肉、器官等。在毛细血管内进行气体交换时，身体各部分由于新陈代谢作用生成了很多CO_2，内部压力高，所以又促使式（1-1）的平衡向右移动，身体细胞组织接受血红蛋白带来的O_2继续进行新陈代谢，而CO_2则被血红蛋白以$HbCO_2$形式带走，经静脉、心脏然后送入肺内，通过呼吸系统排出。

二、有毒有害气体对人体的危害

（一）有毒有害气体的分类

通常情况下，自然界中对人类呼吸有毒害作用的气体有六大类型：

1.单纯窒息性气体

它们本身无毒，但随着在具体环境中浓度的增加，会有很强的排氧作用，导致空气中O_2含量相对减少，使人窒息，如CH_4、N_2等。

2.化学窒息性气体

这类气体随着呼吸进入人体后发生化学反应，它们与血液中的红细胞的结合能力比氧与红细胞的结合能力强，从而使人的肌体缺氧而引起窒息，如CO、HCN等。

3.刺激上呼吸道的气体

此类气体对鼻、咽喉等有刺激作用而引起炎症，如NH_3、SO_2等。

4.刺激肺脏的气体

此类气体强烈刺激肺脏，易引起肺炎、肺水肿等症，如$COCl_2$（光气）、NO_2等。

5.对中枢神经有损伤的气体

它们能麻痹、麻醉中枢神经，引起中枢神经损伤，如汽油、酒精等。

6.综合性有害气体

此类物质对人体有多方面的危害作用，如放射性粉尘微粒混在空气中，吸入人体后既损害肺泡易形成肺结核，又损害和破坏血液循环系统与其他器官，如心脏、肝脏等；CO_2气体，当低浓度时对人体无毒无害，但当具体环境中浓度过高超过一定限度时，则变成综合性毒害气体，既有排氧作用使人窒息，又有刺激中枢神经作用使人头痛、昏迷。

上述有毒有害气体侵入人体的途径有三种：通过呼吸吸入，通过皮肤毛细孔侵入和通过口腔吞入。

（二）影响人体中毒的因素

1.气体浓度和暴露时间

人体中毒程度与有害气体浓度和暴露的时间有关。人体在有害气体环境中，不论浓度高低，总是暴露时间越长，对人的危害越大，这是很明显的。但也不能笼统地说，高浓度下短时间暴露，就一定比低浓度下长时间暴露危害性小。有的有毒有害气体，只要接触数秒，就会致人死亡。因此，人体中毒程度，只能说与这两种因素都有关，要具体情况具体分析。

2.劳动强度

人体中毒程度与在有害气体环境中的劳动强度有关，如果劳动强度加大，人对氧的需求必然增加，因而呼吸量明显增大。据有关资料，重体力劳动时，人的呼吸量比静卧时大10倍还多。这样，随着呼吸量的增加，有害气体就有更多机会侵入人体。同时，由于大量出汗，有害气体也会有更多的机会侵入人体皮肤，使人中毒。

3.地理和气象条件

人体中毒程度与地理和气象条件有关，因有害气体在高山、平原和地下，以及在不同气温和气压下，存在浓度不同，所以人体中毒程度也会不同。

4.人体体质

人体中毒程度与人自身因素有关，这是由于不同的人，不同的性别、年龄、民族、习惯和健康状况，对有害气体有不同承受能力。

（三）常见有毒有害气体对人体的危害

1.一氧化碳

一氧化碳是无色、无臭、无味的化学性、窒息性有毒气体，具有可燃可爆性，在空气中燃烧时为蓝色火焰，爆炸极限浓度在

12.5% ～ 74.2%之间。它会结合血红蛋白生成碳氧血红蛋白，碳氧血红蛋白不能提供氧气给身体组织。这种情况被称为血缺氧。浓度高至667μL/L可能会导致人体高达50%的血红蛋白转换为碳合血红蛋白，可能会导致昏迷和死亡。最常见的一氧化碳中毒症状为头痛、恶心、呕吐、头晕、疲劳和虚弱。一氧化碳中毒症状还包括视网膜出血，以及异常的樱桃红色的嘴唇。人体暴露于不同CO浓度中产生的生理症状见表1-2。

表1-2　CO浓度与暴露症状

CO浓度/%	作用时间	中毒程度	中毒症状
0.016	数小时后	无征兆，或有轻微征兆	轻度头痛
0.048	一小时内	轻微中毒	耳鸣、头晕、头痛、心跳加快等
0.128	半小时至一小时后	严重中毒	除上述征兆表现加重外，还会发生行动能力变化，感觉迟钝或产生并发症等
0.4	很短时间	致命中毒	失去知觉、痉挛、死亡

2.二氧化硫

二氧化硫是最常见、最简单的硫氧化物，化学式SO_2，其为无色透明气体，有刺激性臭味，溶于水、乙醇和乙醚。SO_2对金属具有强烈的腐蚀作用。另外，因它具有窒息性的臭味和较强的刺激性，所以，人遇到它容易避开，不易造成高浓度SO_2中毒死亡事故。但是相当量的二氧化硫吸入呼吸道后，会助长呼吸道疾病的发生和发展，诸如咳嗽、痰量增加、哮喘、慢性咽喉炎和气管炎等，最后会引起肺气肿。

SO_2是一种毒性极强的刺激性气体，含量达到0.04% ～ 0.05%就会危及生命。SO_2对人体的危害有两个方面：一方面，它的刺激性，使人的眼睛、鼻、咽喉等呼吸道黏膜受害。因此人们称它为“瞎眼气体”。人体长期处于高浓度SO_2环境中，呼吸黏膜就会发炎，引发支气管炎和肺炎等症。另一方面，由于SO_2有可溶性特性，又会与人体黏膜上的黏液和汗生成亚硫酸，腐蚀呼吸器官。

3.氯气

氯气是氯元素的单质，化学式Cl_2。常温常压下为黄绿色，是一种有强烈刺激性气味的剧毒气体，具有窒息性，密度比空气大。可溶于水和碱溶液，易溶于有机溶剂。易压缩，可液化为黄绿色的油状液氯。Cl_2是化学活性较强的气体，它可与大多数无机物和有机物直接化合。在光照下与氢可生成氯化氢。碘在Cl_2中燃烧可生成氯化碘，磷在Cl_2中燃烧可生成三氯化磷及五氯化磷。

氯气主要通过呼吸道侵入人体并溶解在黏膜所含的水分里，生成次氯酸和盐酸，对上呼吸道黏膜造成损伤：次氯酸使组织受到强烈的氧化；盐酸刺激黏膜发生炎性肿胀，使呼吸道黏膜浮肿，大量分泌黏液，造成呼吸困难，所以氯气中毒的明显症状是发生剧烈的咳嗽。症状重时，会发生肺水肿，使人体循环作用困难而致死亡。由食道进入人体的氯气会使人恶心、呕吐、胸口疼痛和腹泻。不同Cl_2浓度对人体的影响见表1-3。

表1-3　不同Cl_2浓度对人体的影响

浓度/（mg/m^3）	浓度/（μL/L）	反应
0.06	0.02	嗅觉无法嗅到
3~9	1~3	有明显的气味，刺激眼、鼻
90	30	引起剧烈咳嗽
120~180	40~60	接触30~60min可能引起严重损害
300	100	可能造成致命性伤害
3000	1000	深吸入少许可能危及生命

4.氰化氢

含N_2的物质在不完全燃烧时产生氰化氢（HCN），HCN是一种具有苦杏仁味的无色有毒液体。氰化氢易在空气中均匀弥散，在空气中可燃烧，爆炸极限5.6%～40%。HCN可与水和乙醇、苯、甲苯、乙醚、甘油、二氯化烷等有机化合物以任意比例相混溶。HCN的水溶液呈弱酸性。点燃时火焰呈桃红色，其燃烧反应生成CO_2、N_2和H_2O。氰化物的金属盐与二氧化碳接触，特定条件下能游离出HCN，若加入酸，则迅速反应产生HCN。氰化钠在金属处理、电镀、有机合成等工业生产中被广泛使用。

HCN和氰化物，不仅能被人体迅速吸收，而且可从皮肤侵入体内。皮肤的汗液具有帮助吸收HCN的能力。因此，皮肤如有伤口，其危害性更大。HCN对生物体的危害机理，主要是细胞色素氧化酶对氰化物最为敏感，氰根离子（CN^-）能迅速与细胞内的细胞色素氧化酶中的Fe^{3+}结合，阻止其还原成Fe^{2+}，使传递电子的氧化过程中断，组织细胞不能利用血液中的氧而造成内窒息。中枢神经系统对缺氧最敏感，故大脑首先受损，导致中枢性呼吸衰竭而死亡。此外，氰化物在消化道中释放出的CN^-会与胃酸作用生成HCN，对消化道黏膜产生刺激损伤。吸入高浓度氰化氢或吞服大量氰化物者，可在2～3min内停止呼吸，呈“电击样”死亡。

氰化物对人体的危害分为急性中毒和慢性影响两方面。氰化物所致的急性中毒分为轻、中、重三级。轻度中毒表现为眼及上呼吸道刺激症状，患者呼出气中有明显的苦杏仁味，口唇及咽部麻木，继而出现恶心、呕吐、震颤等；中度中毒表现为叹息样呼吸，皮肤、黏膜常呈鲜红色，其他症状加重；重度中毒表现为意识丧失，出现强直性和阵发性抽搐，直至角弓反张，血压下降，尿、便失禁，常伴发脑水肿和呼吸衰竭，反射消失，呼吸及心跳可能随时停止等。氢氰酸对人体的慢性影响表现为神经衰弱综合征，如头晕、头痛、乏力、胸部压迫感、肌肉疼痛、腹痛等，并可有眼和上呼吸道刺激症状。皮肤长期接触后，可引起皮疹，表现为斑疹、丘疹，极痒。

5.光气

光气，又称碳酰氯，化学式为$COCl_2$，是一种重要的有机中间体，该气体微溶于水，容易水解，见水后分解为盐酸和CO_2。纯净的$COCl_2$是无色而有特殊芳香味（腐烂苹果味）的气体，是剧烈窒息性毒气，有剧毒，高浓度吸入可致肺水肿。

$COCl_2$的毒性是氯气的10倍，常被用来制造毒气。第一次世界大战时，这种毒气就曾被广泛使用。该气体对人体的危害，主要是使人中毒和留下后遗症。就它的中毒浓度来说，当浓度达0.00025%时，就可轻度中毒。其表现为：咳嗽、咽喉发炎、口渴、呕吐、黏膜出血。当浓度达0.005%时，中毒程度加重，呼吸急促，肺部有微细的泡沫或水泡音，大多数会吐出黄色泡沫状的痰，面色苍白，在极严重情况下，会导致急性窒息死亡。当浓度达0.009%时，在半小时内就会死去。即便中毒未死，也会给人留下后遗症，即长期使人哮喘或患支气管炎，或引起心肌炎、肺脓肿、支气管扩张等病症。

6.硫化氢

硫化氢（H_2S）是一种无色有剧毒的酸性气体，是硫的氢化物中最简单的一种，高浓度时无明显气味，低浓度时具有强烈的臭鸡蛋味，浓度极低时便有硫黄味，是许多工业过程中的副产品，例如在天然气提炼、石油炼制、废水处理和造纸工业中产生。硫化氢的密度略大于空气，可以在低洼地带聚集，形成潜在的危险区域。硫化氢易溶于水中，也易溶于醇类和石油溶剂中。此外，硫化氢具有易燃易爆性，爆炸极限浓度为4.3% ～ 16.0%，能够与空气形成爆炸性混合物，当遇到明火或高热时，会引起燃烧甚至爆炸。

硫化氢是一种毒性很强的有害气体，它比氰化氢（HCN）毒性大，低浓度下即对人体有毒，吸入高浓度的硫化氢会迅速致命。它通过抑制细胞的氧化磷酸化作用，阻碍细胞的呼吸作用，导致细胞死亡。硫化氢对眼睛、呼吸系统和神经系统具有刺激性，暴露于低浓度时可能导致眼睛刺激、头痛、咳嗽和呼吸困难。当硫化氢浓度为10～300mg/m^{3}时，可出现眼急性刺激症状，稍长时间接触引起肺水肿，此区域属于中度危险区域；当硫化氢浓度介于300～760mg/m^{3}时，可引发肺水肿、支气管炎及肺炎、头痛、头晕、恶心、呕吐、排尿困难，此区域属于高度危险区域；当浓度≥760mg/m^{3}时，人会很快出现急性中毒、呼吸麻痹而死亡，此区域属于极度危险区域。

7.二氧化氮

NO_2是一种属于刺激呼吸道黏膜和肺脏的剧毒有害气体。气态时呈褐红色，液态时呈黄色，固态时无色。它具有特殊的刺激性臭味。气态时对空气的相对密度为1.59。可溶于多种有机溶剂中。溶于水并与水反应生成硝酸和一氧化氮。当温度高于150℃时开始分解，到650℃时完全分解为一氧化氮和氧气。

NO_2对人体黏膜具有很强的刺激性，毒性相当于CO毒性的5000～10000倍。当被人吸入体内后，与呼吸道黏膜的水分起作用，生成硝酸或亚硝酸，导致发生肺炎或肺水肿。它还可与人的细胞组织中的碱性物质生成硝酸盐或亚硝酸盐，使血管扩张，血压降低，造成血液缺氧。中毒后有潜伏期，一般死亡是在中毒24h之后，或更长时间，而且死者没有呼吸器官损伤和其他症状表现。造成这种现象的主要原因是中枢神经麻痹。另一特点是NO_2中毒者手指尖及头发变黄。急性中毒的最初症状是急性咳嗽、头痛、恶心、呕吐，有时有明显的黏膜刺激症状，至少是眼睛受刺激等。再过几小时后，会感到软弱无力，发绀、身体发抖、体温升高、腹泻、出汗、委靡不振，以致失去知觉。随后患者可能发生肺炎、肺坏死、肾病变、极度贫血和结核病。

三、影响人体呼吸的主要因素

在具体环境和实际工作中，影响人体呼吸的因素有很多，但最重要的有以下五点：O_2浓度、运动强度、CO_2浓度、呼吸阻力和温湿度的变化。

（一）O_2浓度

人正常呼吸的空气中氧气占 21%（体积分数）左右，当周围环境中氧气浓度稍有下降时，如17%以上，人主观上往往感觉不出来，静止状态时无影响。但是当O_2浓度进一步下降到 15%以下时，便逐渐开始出现缺氧症状，或氧饥饿症，使呼吸频率（脉搏）加快，思维能力降低，控制不了自己的行动。当下降到一定程度（10% ～ 12%）时，症状加剧，似醉酒状，失去理智。此时最危险的是，缺氧者不知道自己正处于缺氧的危险状态，不能把自己的感觉立刻告诉别人而马上采取措施。当氧气浓度下降到6% ～ 9%时，人会失去知觉，呼吸停止，但心脏在几分钟内还能跳动，及时抢救尚能恢复。如果氧气浓度降到6%以下，那么人很快就会出现痉挛，停止呼吸。

一般来说，常温常压下，在单纯窒息性气体环境中，因氧气浓度降低而导致缺氧时，会出现呼吸次数增加、嗜睡、肌肉瘫痪、意识障碍、烦躁、疲劳等症状，进而出现呕吐、丧失意志、痉挛、昏迷，甚至死亡。

对于轻度缺氧者，如在3min之内缺氧昏迷，只要及时抢救输氧，经48h护理后都能恢复正常；但是对于严重缺氧者，如3～6min因缺氧造成心脏停止跳动、脑组织软化、丧失某些功能的情况，即使经抢救脱险保存了生命，也会留下后遗症，如四肢麻痹、记忆力丧失、呆痴、性格怪异等。

人对氧的需求量与其体质、精神状态和劳动强度有关。人在常压下缺氧症状与O_2浓度的关系见表1-4。

表1-4　人体缺氧症状

氧气浓度/%	主要症状
17	静止状态时无影响，工作时能引起喘息、呼吸困难、心跳加快
15	人体缺氧，心跳急促，耳鸣、目眩、感觉及判断力减弱，肌肉功能破坏，失去劳动能力
10～12	失去理智，时间稍长即有生命危险
6～9	失去知觉，呼吸停止，心脏在几分钟内还能跳动，及时抢救能恢复
<6	很快就痉挛，停止呼吸

（二）运动强度

人的运动强度增加时，其呼吸量、耗氧量、CO_2呼出量都要增加。在正常情况下，地面空气中安静时人体每分钟摄取氧气0.23～0.25L，呼出CO_2量约为0.2L。呼吸气体中的组分为：吸气（普通大气）中氧气20.96%，二氧化碳0.03%，氮气79.01%；呼气中氧气16.40%，二氧化碳4.10%，氮气79.50%。但在运动状态下，各种参数就不尽相同。成年男子的平均呼吸量为：休息时，8L/min；缓慢行走时，15L/min；普通作业时，30L/min；大运动量时，50～

60L/min。成年男子不同状态下的耗氧量见表1-5。

表1-5　成年男子（体重72kg）在各种状态下的耗氧量

做功状态	能量消耗/（J/min）	呼吸量/（L/min）	氧气消耗量/（L/min）
卧姿	4.81	6	0.24
坐姿	6.03	7	0.30
立姿	7.20	8	0.36
步行（3 km/h）	13.10	14	0.65
跑步（6 km/h）	24.12	26	1.20
快跑（10 km/h）	40.19	43	2.0
剧烈运动	58.62～83.74	85～92	3.4

（三）CO_2浓度

CO_2是呼吸过程中的必然产物，CO_2属窒息性有害气体。少量对人体不仅不会造成伤害，而且有刺激中枢神经作用。如果完全没有它，人的正常呼吸就不能保持，所以在抢救室进行输氧时，往往要加入3%～4%的CO_2，以刺激呼吸中枢兴奋。CO_2的含量过多时，会刺激呼吸神经中枢而使呼吸次数增多，对人的生理是有害的。

血液中90%以上的CO_2是以碳酸或碳酸氢盐的形式存在的。当CO_2张力（分压）因过度换气而下降时，碳酸氢根离子和氢离子结合生成碳酸，进而分解为CO_2和H_2O，导致血液氢离子浓度下降、血液pH值升高。组织细胞内酶的催化活性对pH值非常敏感。pH值过高或过低都会使酶活性急剧降低。严重时会使组织细胞呼吸发生不可逆性破坏，可导致严重意识丧失或死亡。

在大气中CO_2的含量不超过0.04%。如果CO_2的含量增加到1%～2%，不会引起呼吸情况的显著变化，当含量增加到4%～5%时，就会引起呼吸频率及深度的增加，耳鸣，太阳穴跳动。在含量达到6%时，上述现象就更为强烈。当其含量增到8%时，就引起严重的头痛、头晕、不舒服。当CO_2的含量增到10%时，则会使人失去知觉，甚至导致死亡。

（四）呼吸阻力

佩戴呼吸保护器时，如果阻力稍有增大，对人的生理作用尚无较大影响，只是使呼吸节奏减缓，呼吸深度增加，但长时间克服呼吸阻力容易引起肌肉疲劳，尤其是呼气肌肉疲劳。

当呼吸阻力很大时，肺部来不及吸入足够量的空气来保证气体正常交换，不能充分排出血液中的CO_2而使其逐渐积聚，当其浓度增高时就会引起呼吸中枢兴奋，使呼吸频率加快，可是阻力却使呼吸减慢，这样的结果只能使呼吸停留在表面，然后使肺通气量进一步恶化并更强烈地刺激呼吸中枢。

能自动调节呼吸频率的是迷走神经，它分叉为发送纤维和感受纤维。当胸部细胞扩展时（吸），迷走神经要受到一个刺激，传给呼吸中枢一个信号，然后停止吸气，使肌肉活动变弱（呼），接着再加强对呼吸中枢的刺激（吸），这样反复多次会引起中枢神经疲劳。即使很弱的刺激，也会引起迷走神经对呼吸中枢的反应。因此，阻力很大时就会导致这样的结果：呼吸中枢发出的吸气动作（指令和实现过程）尚未完成，就因迷走神经的刺激作用改变为呼气动作，这样致使呼吸量很小、很浅，或者该呼时突然就变吸，该吸时突然就变呼，而且血液中CO_2过多的刺激只能做到呼吸加快而做不到加深，只能快而浅，最后成为喘息。此时若做重体力劳动，客观上需要加大肺通气量，而实际上因阻力的影响却实现不了，最后必然会导致缺氧窒息或昏倒。

呼气阻力升高带来的困难比吸气阻力增加更甚。在氧耗量达到2.0L/min，最大瞬间阻力为588～784Pa，连续3～4h的情况下，尚不至于引起呼吸紊乱；当阻力达到784～980Pa时，如果不是连续而是间歇交替式出现的仍然可以坚持；但是，当阻力值超过1960Pa时，就会给呼吸带来极大的困难，即使短短几分钟人也耐受不住。因此，在呼吸保护器的结构开发和设计中，要求降低呼吸系统的阻力。

（五）温湿度

正常情况下，人体吸入干燥且温度较低的空气，感觉会很舒适。相反，若吸入高湿度、高温度的空气时就会感到很难受，短时间尚能忍受，长时间就像置于蒸汽浴室里一样。

人体是一个热源，为维持正常的生命运动，必须把体温限制在很窄的范围内，即36.5～37.2℃。人体消耗氧气和食物以及在运动过程中时时刻刻都在释放热量。稳定体温是靠不断散发掉热量来维持的，散发掉热量的途径包括从肺部呼出空气，从人体表面辐射、传导出热量和靠汗水蒸发以及排尿散热等。当周围大气温度低于体温时，人体散热主要靠辐射和传导（从大气向肺部吸入冷空气时也能放热），当周围大气温度高于体温时，人体散热主要依靠出汗蒸发和一部分从肺部放出的水汽。每蒸发掉1g汗水需消耗0.57J的热量。当环境空气湿度很大，如达100%，且气温较高超过体温时，汗水蒸发已不可能，人的体温就会因积聚热量而上升，在热冲击下就会中暑。如在相对湿度为100%、气温为30℃的情况下，做体力劳动会很困难。

第三节　空气呼吸器的结构、原理

空气呼吸器是一种自给开放式的呼吸保护器具。根据使用时面罩内压力状况，分为负压式和正压式空气呼吸器，目前消防救援队伍主要使用的是正压式空气呼吸器。正压式消防空气呼吸器主要使用在缺氧、有毒有害气体的环境中，不能在水下使用。目前，正压式消防空气呼吸器执行《正压式消防空气呼吸器》（XF 124—2013）标准。

一、空气呼吸器的结构

空气呼吸器的主要组成有气瓶总成、减压器总成、供气阀总成、面罩总成和背架总成等五部分。

（一）气瓶总成

气瓶总成由高压气瓶和气瓶阀等组成，如图1-2所示。高压气瓶用于储存压缩空气，目前普遍使用的碳纤维复合气瓶由铝合金内胆（密封作用）、碳纤维（承压作用）、玻璃纤维（定型作用）、环氧树脂（保护碳纤维和玻璃纤维并使瓶体表面光洁美观）四层结构组成。气瓶容积有3L、4.7L、6.8L、9L、12L等多种规格，碳纤维气瓶具有重量轻、不会发

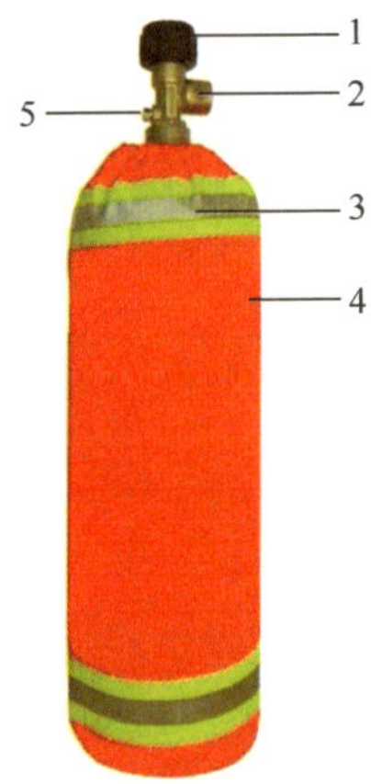

▲图1-2　气瓶总成

1—气瓶阀；2—气瓶充装口；3—反光标识；4—防护套；5—安全阀

生脆性爆炸等特点，气瓶额定工作压力通常为30MPa。

气瓶阀又称为截止阀，起开关作用，内有通气管，顺时针旋转手轮为关闭，逆时针旋转手轮为开启。瓶阀上装有安全膜片，当气瓶内压力过高（37 ～ 45MPa）时自动卸压，可防止由于瓶内压力过高引起气瓶爆裂，避免人员伤亡。

（二）减压器总成

减压器总成主要由减压器、中压安全阀、余气报警器、压力显示装置、中压导气管（带胸前他救和互救接口）和高压导气管等组成，如图1-3所示。

▲ 图1-3　减压器总成

1. 减压器

减压器的主要作用是将高压气体的压力由高压降至中压，并保证供气阀输出气体的流量和压力稳定。

减压器总成的工作原理如图1-4所示，通过压力调节弹簧压力和中压腔B的气体压力平衡来控制活塞上下移动，从而带动阀杆运动，使得阀杆与阀座的间隙减小或增大，控制进入中压腔的空气量，保证其输出压力约在0.7MPa。当佩戴者停止吸气，减压器气体输出量为零时，由于中压腔B内气体压力的上升，活塞向上运动，高压气体进入中压腔，中压腔的气压随之升高，推动活塞关闭高压阀门，直至阀杆和阀门之间的间隙减小，最终完全关闭。佩戴者吸气时，中压腔的气压会降低，压力调节弹簧就会推动活塞，打开高压阀门，达到新的平衡。

由图1-4可以看出，中压腔B和减压器输出端及中压安全阀相通；高压腔A和气体输入端、压力表导管及气源余气报警器相通。

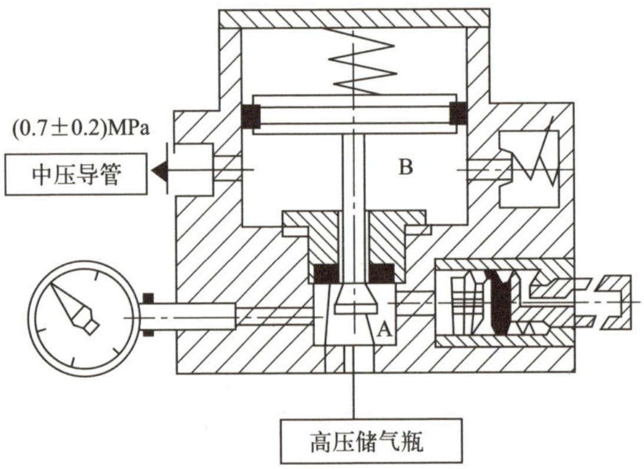

▲图1-4　减压器总成的工作原理

2.中压安全阀

中压安全阀的作用是当减压器失去对高压空气的减压作用时（如减压弹簧损坏、阀门损坏），保证高压空气不会直接由减压器输出，而是经安全阀泄压后再保持较低的压力输出。中压安全阀开启压力为（1±0.2）MPa。当中压安全阀有大量气体泄漏时，不是中压安全阀出现故障，而是减压器出现故障，应及时检修减压器。

3.余气报警器

当气瓶内空气压力降至（5.5±0.5）MPa时，余气报警器报警，提醒消防员撤离现场。报警器有两种结构：一种直接安装在减压器上，称为后置报警器；另一种与压力表一同置于使用者的胸前，称为前置报警器。前置报警器更便于消防员听到报警声。

从报警器报警到气瓶内气体完全用完，以中等劳动强度的耗气量30L/min计算，若使用6.8L气瓶，则可继续使用11 ～ 13min。消防员听到报警声响后，应立即撤离灾害现场。

4.压力显示装置

压力显示装置的作用是实时显示气瓶内空气压力，便于使用者估计剩余作业时间。压力表外壳设有保护套，以防磕碰时损坏。

5.中压导气管

中压导气管是阻燃胶管，一端连接供气阀，另一端连接减压器中压输出端。

6.高压导气管

高压导气管的作用是将气瓶内空气输送至压力显示装置，其一端连接压力显示装置，另一端连接减压器高压输出端。

（三）供气阀总成

供气阀总成主要由供气插口、外壳、手动强制供气按钮、手动关闭按钮、进气软管等组成。供气阀总成的作用是将减压器输出的中压气体再次减压至人体适宜呼吸的压力，实现按需供气及保持正压。

供气阀是正压式消防空气呼吸器的一个关键部件。供气阀内设有大膜片自动平衡系统，随使用者的呼吸动作自动调节流量，实现按需供气。供气阀的正压机构一般由杠杆和弹簧片等组成，能够保证面罩内的压力始终处于正压状态。供气阀直接插接于面罩上，并由一根进气软管通过快插接头连接到减压器上的中压导气管三通快插接头上。供气插口上配有O形密封圈，与面罩接口插接后，形成可靠密封，其结构如图1-5所示。

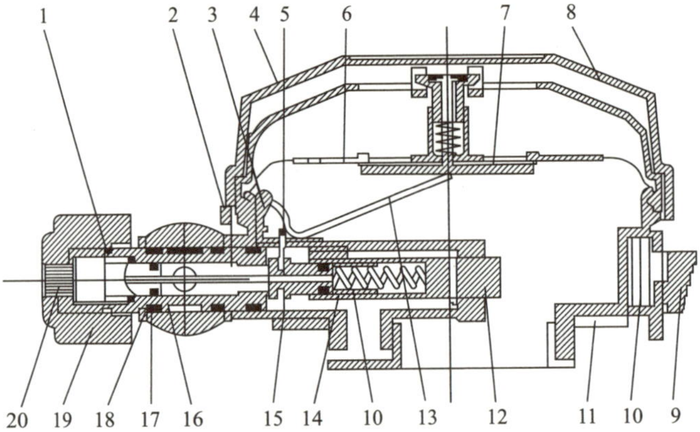

▲图1-5　供气阀总成

1—弹簧销；2—锁紧板；3—半圆支架；4—上盖组件；5—活塞杠杆；6—大膜片组件；7—呼气阀；8—中盖；9—插板；10—弹簧；11—垫圈；12—导管组件；13—膜片杠杆；14—阀管衬套；15—活塞组件；16—阀门管体；17—O形圈；18—弹性挡圈；19—手轮；20—调节杆组件

（四）面罩总成

面罩是用来罩住脸部，形成有效密封，防止有毒有害气体进入人体呼吸系统的装置。面罩总成主要由面罩接口、视窗镜片、面框、挂带、传声器、吸气阀和口鼻罩等组成，如图1-6所示。

1.吸气阀

当使用者吸气时，吸气阀开启，新鲜空气进入口鼻罩；当使用者呼气时，吸气阀关闭，使用者呼出的气体由呼气阀排入大气。吸气阀丢失，易导致面罩结雾。

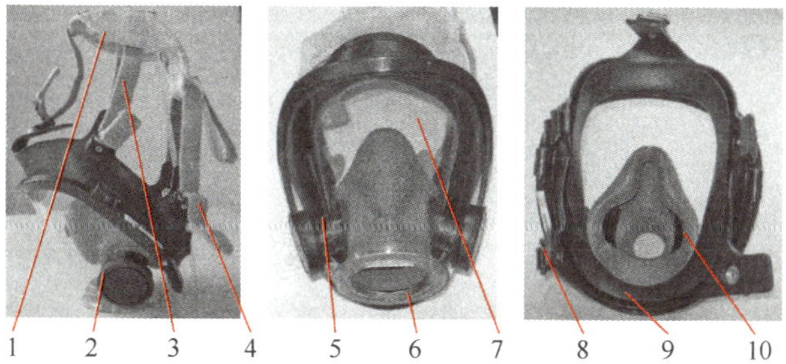

▲图1-6　面罩总成

1—头罩组件；2—传声器；3—头带；4—颈带；5—吸气阀；6—凹形接口；7—面窗；8—扣环组件；9—面窗密封圈；10—口鼻罩

2. 面罩接口

面罩接口是面罩与供气阀相连接的接口，应保证气密。

3. 视窗镜片

视窗镜片由高强度聚碳酸酯材料注塑而成，外表面经硬化处理，耐冲击，应保证高透光率，不失真。

4. 面框

面框由高强度阻燃塑料注塑而成，用于固定视窗镜片及密合框。

5. 传声器

传声器为金属机械膜片，用于将面罩内部的声音传递到外界。

6. 口鼻罩

口鼻罩应与使用者的口鼻良好吻合，可减小实际有害空间，防止视窗上雾。由供气阀输送来的新鲜空气首先冲刷视窗，达到除雾目的。

7.头罩

头罩用于固定面罩，确保其与使用者脸部的密封。

8.密合框

密合框用于保证面罩与使用者脸部的密封，设计应符合我国成年人的脸型特征，确保柔软舒适、贴合紧密、无明显压痛感。

（五）背架总成

背架总成由背板、减压器安装支架、腰垫、腰带、拉带、气瓶绑带和肩带等组成，用于安装气瓶总成和减压器总成。采用阻燃材料加工而成，形状适合人体背部曲线特征，肩带和腰带上装有快速收紧自锁和放松装置，通过拉带和腰带快速调节合适的佩戴位置。

二、空气呼吸器的工作原理

空气呼吸器的工作原理如图1-7所示：打开气瓶阀，高压空气进入减压器，减至适当压力；同时，压力表指示出气瓶压力，减压后的压缩空气经中压软导管快速接头进入正压型供气阀。吸气时，供气阀开启，呼气阀关闭，供气阀给面罩按佩戴者的吸气量供气，气被吸入人体肺部，并使面罩在整个佩戴过程中保持正压。呼气或屏气时，供气阀关闭而呼气阀开启，人体呼出的浊气经面罩上的呼

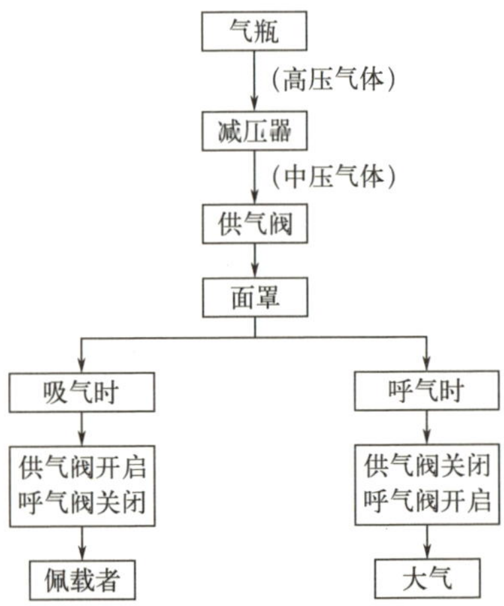

▲图1-7　空气呼吸器工作原理

气阀直接排到大气中。这样，气体始终沿着一个方向流动而不会逆流。

三、空气呼吸器的使用时间

正压式消防空气呼吸器的使用时间取决于气瓶的储气量和佩戴者的耗气速度。其使用时间可按下式计算：

$$T = \frac{10pV}{v} \tag{1-2}$$

式中 T——使用时间，min；

p——气瓶的充填压力，MPa，正压式消防空气呼吸器的额定工作压力为30MPa；

V——气瓶的容积，L；

v——佩戴者的耗气速度，L/min。

不同劳动强度下的耗气速度见表1-6。

表1-6 不同劳动强度下的耗气速度

劳动强度	耗气速度/（L/min）
相对静止	12
中等劳动强度	30
重劳动强度	48

实际使用时间会受到多种因素的影响而与理论使用时间有所不同，对于不同使用者和使用情况的气体消耗量是不同的，工作强度越大，气瓶内的气体消耗就越快。

空气呼吸器的使用时间主要考虑以下因素：

① 使用者的劳动强度。

② 使用者的身体状况。

③ 使用者受自身兴奋、害怕或其他情感因素的影响程度。

④ 使用者对空气呼吸器或类似的装备受培训程度和使用经验的多少。

⑤ 开始使用时气瓶是否达到规定的压力要求。

⑥ 气瓶中压缩空气的二氧化碳浓度是否大于正常值。

⑦ 使用环境中的大气压力。例如，如果在2个大气压（1atm=101325Pa）的环境中使用（如被加压的隧道或箱体中），使用时间是在1个大气压下的一半；如果在3个大气压下使用，使用时间是1个大气压下的三分之一。

⑧ 面罩与脸面贴合过松或佩戴不正确。

⑨ 所使用空气呼吸器的性能状况。

⑩ 报警器起鸣后的气体消耗量。

四、维护保养

（一）定期检查

在用和备用的空气呼吸器应每周进行检查，或按能确保空气呼吸器在需要使用时能正常工作的频率检查。如果发现有任何故障，必须将其与正常的空气呼吸器分开，并做好标记以便让被授权人员进行修理。

检查内容应按以下步骤进行：

① 目检整套呼吸器有无磨损或老化的橡胶件，有无磨损或松弛的织带和损坏的零部件。

② 检查气瓶最近的水压试验日期，确认该气瓶在有效使用期内。

如果已超过使用期，应立即停止使用该气瓶并做好标记，由被授权人员进行水压测试，测试合格后方可再使用。

③ 检查气瓶上是否有物理损伤，如凹痕、凸起、划痕或裂纹等；是否有高温或过火对气瓶造成的热损伤，如油漆变成棕色或黑色、字迹烧焦或消失、压力表盘熔化或损坏；以及是否有酸或其他腐蚀性化学物品形成的化学损伤痕迹，如缠绕外层的脱落等。若发现有以上情况，则不应再使用该气瓶，而应完全放空气瓶内的压缩空气，并做好标记，等待被授权人员处理。

④ 确定气瓶是否已充满（压力表显示为28～30MPa时表示气瓶已充满）。如果气瓶未充满，则换一个充满压缩空气的气瓶。

⑤ 检查减压器手轮是否与瓶阀出口拧紧。关闭瓶阀时，不要猛力旋转手轮，否则可能导致瓶阀阀垫的损坏，影响瓶阀的密封性能。

⑥ 检查供气阀上的充泄阀是否已关闭。

⑦ 检查与供气阀相连的中压管上的快速接头是否正确连接。完全按下供气阀上的节气开关。逆时针方向旋转瓶阀手轮，缓慢打开瓶阀，达到启鸣压力后报警器应启动，超出报警压力范围后报警应停止。戴上面罩并安装供气阀，在保持良好的密封状态下，深吸一口气，供气阀将自动打开，正常呼吸以检查供气阀工作是否正常。将面罩从脸上移开，空气应从面罩内连续流出。完全按下供气阀上的节气开关，空气应停止流出。

逆时针旋转充泄阀，有空气从供气阀中流出。顺时针旋转充泄阀，至完全关闭位置，空气应停止从供气阀中流出。顺时针旋转瓶阀手轮关闭瓶阀，然后略微打开充泄阀，将系统中的压缩空气放出，当压力降到5.5MPa±0.5MPa时，报警器开始发出报警，并持续到压力小于1MPa时为止。气流停止时，完全关闭充泄阀。

（二）定期测试

至少每年由授权的人员对呼吸器进行一次目检和性能测试。但在使用频率高或使用条件比较恶劣时，则应缩短定期测试的时间间隔。性能测试的项目应包括整机气密性能、动态呼吸阻力、静态压力、报警器性能、减压器性能、安全阀性能等。与呼吸器配套使用的气瓶，必须通过由国家质量技术监督局授权的检验机构进行的定期检验与评定。

（三）清洁保养

每次使用后按如下步骤清洁、保养呼吸器：

① 检查呼吸器有无磨损或老化的橡胶件，有无磨损或松弛的头罩织带或损坏件。

② 从面罩上取下供气阀。

③ 清洗、消毒面罩。在温水（最高温度43℃）中加入中性肥皂液或清洁剂（如餐具用洗洁剂）进行洗涤，然后用净水彻底冲洗干净。用海绵蘸医用酒精擦洗面罩，进行消毒。消毒后，用饮用水彻底清洗面罩。方法是先用轻柔的流水冲，然后晃动面罩，甩干残留水分，最后用干净的软布擦干，或用清洁干燥、压力小于0.2MPa的空气轻轻吹干。有些清洁和消毒物质会引起呼吸器零件的损坏或加速老化。因此，只能使用推荐的清洁剂和消毒剂。未彻底洗净和完全干燥的面罩组件上残留的清洁剂或消毒剂会引起面罩零部件的损坏。

④ 清洗、消毒供气阀。用海绵或软布将供气阀外表面明显的污物擦拭干净。从供气阀的出气口检查供气阀内部。如果已经变脏，

请被授权的人员来清洗。如果供气阀需要清洗，则先关闭节气开关，并顺时针旋转充泄阀旋钮关闭充泄阀，再用医用酒精擦洗供气阀接口。然后晃动供气阀除去残留水分。冲洗之前允许消毒液与零件保持接触10min。用饮用水冲洗供气阀。方法是用轻柔的流水冲，洗涤时不要将供气阀直接浸入溶液中或水中，晃动供气阀，除去残留水分，并用压力不超过0.2MPa的空气彻底吹干。如果供气阀胶管与中压管断开连接，则重新进行连接。打开瓶阀和充泄阀，吹去残留水分，然后关闭充泄阀和瓶阀。定期在供气阀的密封垫圈上均匀涂抹少许硅脂，可使供气阀更容易地装在面罩上。

⑤ 用湿海绵或软布将呼吸器其他不能浸入水中清洗的部位擦洗干净。

（四）存放

① 确认所有的零部件都已彻底干燥后，将呼吸器放入器材箱或存放于专用储存室，室温0 ～ 30℃，相对湿度40% ～ 80%，并远离腐蚀性气体。使用较少时，应在橡胶件上涂上滑石粉，以延长呼吸器的使用寿命。使用过程中如果怀疑呼吸器被危险物污染，被污染的部位必须做好标记，交被授权人员处理。

② 当呼吸器及其备用部件需要交通工具运输时，应采用可靠的机械方式来固定存放位置，或用适于运输和存放呼吸器及其备用部件的器材箱存放。运输过程中，呼吸器的包装和存放应尽量避免由于交通工具在加速和减速、急转弯或发生事故时，对交通工具或附近人员造成伤害。

五、常见故障原因及排除方法

空气呼吸器常见故障原因及排除方法见表1-7。

表1-7 空气呼吸器常见故障原因及排除方法

现象	可能的原因	排除方法
面罩内持续供气	手动强制供气按钮处于打开状态	关闭手动强制供气按钮
	脸和面罩之间密封处泄漏	重新佩戴
	供气阀供气口泄漏	多次打开和关闭手动强制供气按钮
	供气阀开启杠杆没有很好地位于正压杠杆组件之下	将节气开关按到底，如仍有持续气流存在，则应更换新的供气阀
吸气时没有空气或阻力过大	瓶阀未开足	完全打开瓶阀
	中压软管阻塞	更换新的供气阀
	供气阀故障	用正常的供气阀来更换，如吸气仍存在过量阻力，则应更换减压器
	减压器故障	用正常的减压器来更换，如吸气仍存在过量阻力，应更换供气阀
	压力显示装置、中压安全阀与减压器连接处泄漏	从减压器上取下安全阀罩，用开口扳手拧紧安全阀和压力显示装置连接处的螺母
	报警器与减压器连接处泄漏	将装具做好标记，由被授权人员修理
	压力表和压力表管泄漏	将装具做好标记，由被授权人员修理
	减压器外泄漏	将装具做好标记，由被授权人员修理
呼气时阻力过大	呼气阀发黏	检查并清洁呼气阀组件
气瓶关闭时，气瓶内空气流失	阀座泄漏，安全阀泄漏，瓶颈处泄漏	更换新的气瓶总成，由被授权人员按瓶阀修理程序进行修理。在进行任何修理步骤前，应保证先放空气瓶内的剩余空气
余气报警器报警压力不正常	报警器损坏	将装具做好标记，由被授权人员修理
系统泄漏	减压器和瓶阀接口处泄漏	检查连接处O形圈，若有异物将异物去除干净，若O形圈损坏，更换新的O形圈
	中压管与减压器连接处泄漏	用开口扳手旋下螺纹接头，检查接头上垫圈。如垫圈有切口或老化，则更换垫圈
	快速接头处泄漏	检查软管上的插头是否有损伤、变形等，若有则更换供气阀，若插头完好，则是插座泄漏，更换新的中压管

续表

现象	可能的原因	排除方法
面罩泄漏	面罩戴在头上调节不当	重新戴上面罩，并调节带子
	面罩与供气阀连接处泄漏	从面罩上取下供气阀，清洁橡胶垫圈并加以润滑，重新装上面罩。如果泄漏仍很明显，则应更换新的供气阀
	面罩与密封圈之间泄漏	更换面罩组件

第四节　长管空气呼吸器

长管空气呼吸器又称移动供气源，是一种将气源置于有毒有害工作环境外、空气无污染的场所，通过气瓶压力和导气长管将洁净空气输送到远端供气阀，供使用者呼吸用的防护器具。长管空气呼吸器有6.8L双瓶、6.8L四瓶、9L双瓶和9L四瓶等几种常见配置，导气长管的长度一般在30～60m之间。

长管空气呼吸器适用于长时间在缺氧、充满有毒有害物质或危险的环境及狭窄通道中作业，使用环境温度一般在−30～65℃；不适用于火场、水下、强酸、强碱等恶劣环境条件下的作业。

一、结构组成

如图1-8所示，长管空气呼吸器由车架总成、气瓶总成、导气长管、减压器总成、供气阀总成、面罩总成、应急转换逃生装置总成等七大部分组成。

▲ 图1-8　长管空气呼吸器

1.车架总成

车架总成由推车式行走机构和导气长管缠绕装置等组成，气瓶总成、减压器总成、导气长管等都安装固定在车架上。行走机构带有刹车装置，可防止在30°以下斜坡停放时发生滑动。

2.气瓶总成

气瓶总成由气瓶和瓶阀等组成，瓶阀上装有安全膜片，当气瓶内压力过高（37～45MPa）时爆破卸压。长管空气呼吸器的气瓶可以分只或分组工作，可按需更换气瓶。

3.导气长管

导气长管用于将减压器减压后的中压气体输送到远端供气阀，供使用者呼吸。

4. 减压器总成

减压器是长管空气呼吸器的核心部件，它将气瓶内的高压气体减压为中压气体，克服导气长管的压力损失，将中压气体输送到远端供气阀。

5. 供气阀总成

供气阀总成与空气呼吸器的供气阀总成相同。

6. 面罩总成

与空气呼吸器的面罩总成相同。

7. 应急转换逃生装置总成

应急转换逃生装置总成包括应急气瓶、自动转换器、腰带等部件。当长管空气呼吸器出现故障，导气长管内的气压降至0.1～0.3MPa时，自动转换器能自动转换到应急气瓶供气，并发出报警提示使用者及时撤离工作场所。

二、工作原理

长管空气呼吸器工作原理如图1-9所示。先打开车架上一只（组）气瓶的瓶阀，高压空气进入气源分配器，经减压器一级减压后，通过导气长管送至Y形快插接头，分两路进入不同使用者的供气阀，供气阀将中压气体按照使用者的吸气量，进行二级减压，减压后的气体进入面罩，供使用者呼吸使用，人体呼出的气体经面罩上的呼气阀排至大气。

当导气长管内的气压降至0.1～0.3MPa时，自动转换器自动转换到应急气瓶供气，并发出报警提示，使用者听到报警声后，应立即打开应急气瓶的瓶阀，并拔开分流导气管，撤离工作场所。当余气报警器报警后，监护人员应及时打开备用气瓶并更换先前用的气瓶，保证车架上未使用的气瓶始终处于充满状态。

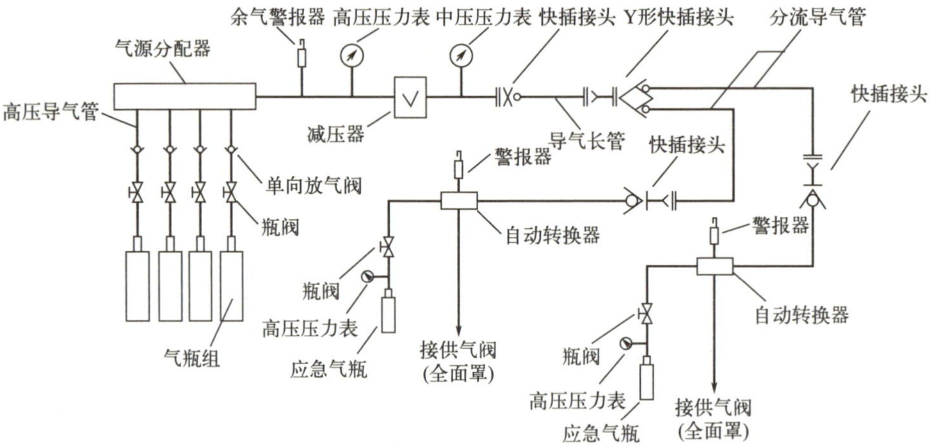

▲图1-9　长管空气呼吸器工作原理示意图

三、操作使用

使用长管空气呼吸器时，必须配备监护人员，由其负责监控长管空气呼吸器的使用状况，及时切换或更换气瓶，确保供气安全稳定。在监护人员和使用者之间应有可靠的通信联系工具，当长管空气呼吸器发生故障时，能够立即通知使用者撤离现场。严禁在无人监护的情况下使用长管空气呼吸器。

（一）使用前检查

① 检查气瓶压力及系统气密性。检查方法同空气呼吸器。

② 检查报警器。检查方法同空气呼吸器。

③ 检查应急转换逃生装置。打开车架上一只（组）气瓶的瓶阀和应急气瓶的瓶阀，待整个系统充满气后关闭车架上一只（组）气瓶的瓶阀（模拟发生气源断开）。打开供气阀，缓慢释放系统中的余气，待应急转换逃生装置发出报警声时，打开应急气瓶的瓶阀，拔开分流导气管，供气阀应继续供气，否则应暂停使用，并做好标记等待修理。

④ 检查所有快插接头的连接是否牢固。用力拽拉接头两端，不能有脱落的现象出现。

⑤ 检查供气阀与面罩的连接是否牢固。

（二）操作使用方面

车架上的气瓶应分只或分组使用，严禁同时打开车架上所有的气瓶。

① 使用者佩戴好装具，经监护人员检查完整后方可进入作业现场。如两人同时使用，应等两人全部佩戴好后一同进入，并注意保持距离和方向，防止发生相互牵拉导气长管而出现意外。

② 使用过程中，应注意避免导气长管与尖锐器物或腐蚀性介质接触摩擦，以免划破或腐蚀胶管而造成空气泄漏。

③ 作业时，监护人员应通过通信系统经常询问使用者的呼吸和作业情况，使用者应定时向监护人员提供自己的情况。另外，监护人员还必须监视气源供应情况，监视高、中压压力表的指示值是否正常或报警器是否报警。

④ 当余气报警器报警时，应由监护人员及时打开备用气瓶瓶阀，

关闭在用气瓶瓶阀，卸压后更换气瓶。如使用过程中发现异常情况，应立即通知使用者迅速撤离作业现场。

⑤ 如果使用者在使用过程中感觉呼吸不畅或应急转换逃生装置发出报警声时，应立即自行打开应急气瓶的瓶阀，拔开分流导气管，佩戴应急转换逃生装置撤离作业现场。

（三）使用后处理方案

关闭供气阀，摘下面罩，卸下应急转换逃生装置，关闭应急气瓶及车架上在用气瓶的瓶阀，然后打开供气阀，排空管路中的余气，对气瓶及时充气。

（四）维护保养

对长管空气呼吸器应至少每月检查一次，确保使用时能正常工作。如果发现有任何故障，必须将其单独存放，并做好标记以便让被授权人员进行修理。检查应按以下步骤进行：

1. 目测

目检各部件是否完整及连接是否正确，整套空气呼吸器有无磨损或老化的橡胶件，有无磨损或松弛的织带和损坏的零部件。

2. 检查气瓶

① 检查最近的水压试验日期，确认气瓶在有效使用期内。如果已超过使用期，应立即停止使用该气瓶并做好标记，由被授权人员进行水压测试，测试合格后方可再使用。

② 检查气瓶上是否有物理损伤，如凹痕、凸起、划痕或裂纹等。

若发现有以上情况，则不应再使用该气瓶，而应完全放空气瓶内的压缩空气，并做好标记，等待被授权人员处理。

③ 检查气瓶内压力。气瓶内压力不应低于24MPa，应急气瓶内压力不应低于29MPa。

3.检查输出压力

打开瓶阀，关闭供气阀，观察中压压力表的读数是否在0.6 ～ 1.0MPa之间。

4.检查报警器

打开瓶阀30s后再完全关闭瓶阀，慢慢释放管路中的余气，同时观察高压压力表的读数，当压力在报警压力范围内，报警器应发出声响报警。

5.检查腰带、肩带、应急气瓶袋

如发现出现损坏，应立即更换。

6.检查维护导气长管

如发现表面出现磨损、老化、烧焦、龟裂、凸起、漏气或快插接头泄漏，则应更换胶管。

7.检查呼吸性能

开启瓶阀，深吸一口气，供气阀应被吸开，随后的吸气过程中将有空气自动供给，屏气时，供气阀应停止供气。吸气和呼气都应舒畅，无不适感觉。

8.清洗、消毒

清洗、消毒应按以下步骤进行：

① 用清水将导气长管表面擦洗干净，并对导气长管进行充分吹扫，然后整齐地卷在缠绕装置上，并固定好。严禁导气长管进水。

② 应急装置使用后应用软布蘸中性洗涤剂进行擦洗，然后用纱布蘸清水擦洗、晾干或吹干。

③ 每次使用后，应对面罩、供气阀进行清洗、消毒，与正压式消防空气呼吸器的清洗、消毒方法相同。在每次对装具进行维修保养前、后，应排空管路中的余气。

第二章 空气呼吸器基本操作技术

第一节　组装

空气呼吸器由气瓶、背托、面罩等部分组成，在日常训练与灭火救援作战中，消防员需要熟练掌握空气呼吸器的组装方法。空气呼吸器的组装主要是将气瓶与背托连接，具体方法如下。

消防员单膝跪地，将空气呼吸器背托瓶箍带放松，如图2-1所示。

▲图2-1　放松瓶箍带

▲图2-2　放入气瓶

如图2-2所示，将背托、气瓶竖起，把气瓶底部放入瓶箍带内。

检查减压器接口有无O形圈，将气瓶阀口与减压器接口对正，如图2-3所示，顺时针旋转手轮，使气瓶与减压器连接牢固。

▲ 图2-3　连接气瓶与减压器

如图2-4所示，收紧、扣牢瓶箍带，确保气瓶不发生晃动，如果气瓶晃动，应打开瓶箍带，再次收紧、扣牢。

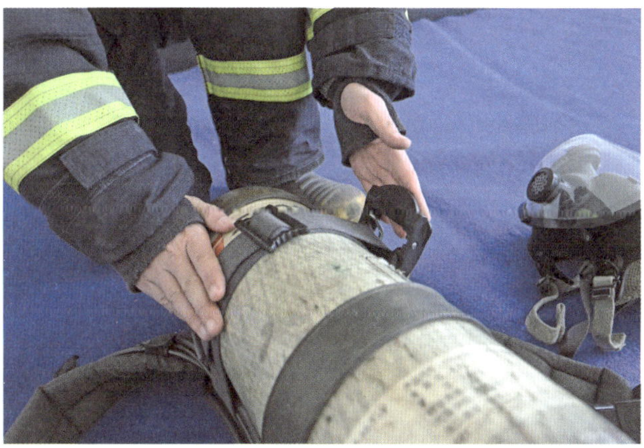

▲ 图2-4　收紧、扣牢瓶箍带

第二节　检查

空气呼吸器结构复杂，构成部件众多，是消防员的呼吸防护器材，在现场使用中，一旦发生故障或出现问题，将直接威胁消防员的生命安全。空气呼吸器检查是确保空气呼吸器完整好用的必要环节，消防员应熟练掌握空气呼吸器的检查方法，并按要求做好每个项目的检查。空气呼吸器检查包括日常检查、使用前检查和使用后检查等。

一、日常检查

日常检查通常由使用空气呼吸器的消防员在消防站内每日进行，具体的检查项目包括：外观检查、气瓶压力检查、系统气密性检查、报警器和压力平视显示装置检查、面罩气密性检查等。

（一）外观检查

空气呼吸器外观检查主要采用目视、触摸、观察空气呼吸器的气瓶表面有无划痕、破裂，肩带、腰带有无断裂，背托、导管有无破损、断裂、腐蚀等损伤，瓶箍带是否收紧，面罩是否完好，如图2-5～图2-8所示。

（二）气瓶压力检查

左手持握压力表，右手逆时针打开气瓶阀至少2圈，当压力表指

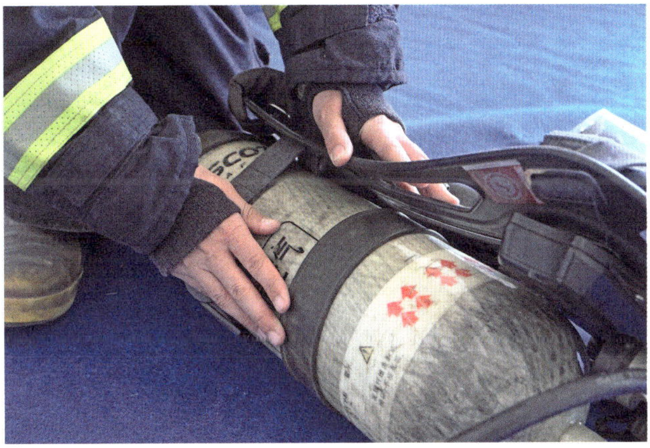

▲ 图2-5　检查气瓶

▲ 图2-6　检查腰带

▲ 图2-7　检查背托

▲图2-8　检查面罩

针稳定后，检查压力表示数，如图2-9所示。通常各地消防队伍规定的空气呼吸器最低使用压力为气瓶额定工作压力的90%或80%，即27MPa、24MPa，或者是其他压力值，消防员检查气瓶压力低于规定的最低使用压力时，应更换气瓶。

▲图2-9　气瓶压力检查

（三）系统气密性检查

系统气密性检查主要检查减压器、供气阀、压力表、导管等是否漏气，如果系统气密性不好，存在漏气问题，将大大缩短空气呼吸器的使用时间。如图2-10所示，消防员顺时针方向关闭气瓶阀，手持气压表，观察压力表读数，在1min内压力降低不超过0.5MPa，且不继续降低，表明系统气密性良好。在实际检查中，该检查步骤容易被忽略，消防员应认真做好该项目检查。

▲ 图2-10　系统气密性检查

（四）报警器和压力平视显示装置检查

如图2-11所示，缓慢打开供气阀上的充泄阀，将系统管路中的气体缓慢放出，观察压力表所示压力下降情况和压力平视显示装置亮灯情况。气瓶压力在10MPa以上，压力平视显示装置绿灯是否常亮，气瓶压力在6～10MPa时，黄灯是否常亮，当气瓶压力在6MPa以下时，红灯是否一直闪亮，如果黄灯一直闪亮，表明压力平视显示装置处于低电压状态，应更换电池，同时观察气瓶压力降至5～6MPa时，报警器是否起鸣报警。

▲ 图2-11　报警器和压力平视显示装置检查

（五）面罩气密性检查

消防员把头罩上的带子翻至面窗前面，如图2-12所示，手持面罩，将面框紧贴面部，用手掌掌心捂住面罩的供气阀与面罩接口处，深吸气并屏住呼吸，若感觉面窗始终向面部贴近，说明面罩气密性良好。

▲ 图2-12　面罩气密性检查

以上检查若未通过，应立即对问题进行处理，如果无法及时处理，应更换空气呼吸器，杜绝使用存在问题的空气呼吸器。

二、使用前检查

使用前检查是指消防员在火灾扑救、抢险救援、训练、演练等使用空气呼吸器之前对空气呼吸器进行的检查。针对空气呼吸器的使用前检查，大部分是按照日常检查进行，也存在消防员不进行检查，直接使用的情况。

由于消防员到达火灾、事故现场后要尽快投入战斗，时间紧迫。如果按照日常检查的流程对空气呼吸器进行检查，目检——检查气瓶压力——检查系统气密性——检查报警器、HUD——检查面罩气密性，所需时间过长，在进入前是难以开展的。同时，绝大部分情况消防员现场使用的空气呼吸器每日都进行了日常检查，确保了完整好用，因此，空气呼吸器使用前检查笔者认为可以适当简化。

消防员使用的空气呼吸器根据是否进行了日常检查，可以分为进行了日常检查的和未进行日常检查的，未进行日常检查的主要包括新的空气呼吸器、库存的空气呼吸器、不能确定是否进行了日常检查的空气呼吸器等。如果消防员使用的是未进行日常检查的空气呼吸器，消防员应按照日常检查的项目对空气呼吸器进行检查。

如果消防员使用的是已进行了日常检查的空气呼吸器，使用前检查可以适当简化，只检查必要的项目，消防部门应制定空气呼吸器使用前检查规程，应进行的检查项目至少包括气瓶压力和报警器，气瓶压力关系到空气呼吸器使用时间，消防员必须掌握，报警器起着提醒消防员压力不足的作用，消防员应检查确保其正常工作。

由于现场时间紧迫，消防员需要尽可能缩短空气呼吸器检查的时间，从而尽快开展灭火救援作业，因此，使用前检查可以采用与日常检查不同的方式，将使用前检查与佩戴相结合，边佩戴边进行检查，以缩短检查的时间。

使用前检查空气呼吸器压力时，如图2-13所示，可以将空气呼吸器背负后，打开气瓶阀，待压力表指针稳定后，检查压力表示数。

▲图2-13　空气呼吸器背负后气瓶压力检查

使用前报警器检查可以在开启气瓶阀时进行，气瓶阀开启后压力低于报警压力时，报警器会报警，一旦超过报警压力报警器停止报警，因此，可以利用这一过程检查报警器，而不用关闭气瓶阀泄压来检查报警器，也可以采用传统的方法检查。

如果在灭火救援现场空气呼吸器更换了气瓶，消防员应检查气瓶压力，确保达到规定的最低使用压力。

三、使用后检查

在灭火救援完毕后，消防员应对空气呼吸器再次检查，检查通常在返回消防站后进行，重点应检查空气呼吸器有无损坏、损伤、污染，检查气瓶压力。根据需要，对空气呼吸器进行清洗、消毒，更换气瓶，以保证空气呼吸器始终处于完整好用状态。

第三节 佩戴

空气呼吸器的佩戴步骤主要包括：佩戴空气呼吸器主体、收紧肩带、扣紧腰带、打开气瓶阀、佩戴面罩、连接供气阀等。在空气呼吸器佩戴前应将肩带、腰带调整至最大，以便于佩戴。空气呼吸器佩戴主要有举过头顶和侧背两种方法。

一、举过头顶佩戴方法

采用举过头顶方法佩戴空气呼吸器时，如图2-14所示，将空气呼吸器背托朝上，气瓶阀朝前，放于地面，将肩带、腰带调整至最大。

▲图2-14 佩戴准备

消防员单膝跪地，摘下头盔，放于一侧，将阻燃头套通过面部开口向后下拉，使头套围绕在颈部，身体前倾，双手分别抓握背托两侧，如图2-15所示。

▲ 图2-15　抓握背托两侧

如图2-16所示，消防员双手握住背托将空气呼吸器举过头顶，两肘里合，双臂插入肩带，让空气呼吸器滑至背部，背好空气呼吸器主体。

▲ 图2-16　背空气呼吸器主体

消防员挺身起立，如图2-17所示，双手拇指勾住肩带端部扣环或抓握两侧肩带下缘，用力向下拉肩带，将肩带收紧。

双手各握腰带一端，如图2-18所示，将腰带扣好，分别将带头向两侧收紧。有些品牌的空气呼吸器对腰带进行了改进，腰带收紧部件在两侧，收紧时两手向内拉紧，放松时向外侧打开扣环，扣紧与放松更为简便。

▲图2-17　收紧肩带

▲图2-18　扣紧腰带

消防员佩戴空气呼吸器，一定要收紧肩带、腰带，使空气呼吸器主体与背部完全贴合，这样在内攻作业过程中可以减少晃动、节省体力，同时有利于通过狭小空间，避免勾挂。有些消防员在空气呼吸器佩戴、使用过程中，不收紧肩带、腰带，甚至不扣腰带，这种情况多出现在消防员空气呼吸器使用熟练之后。不收紧肩带、腰带，不扣腰带，会导致空气呼吸器与背部不贴合、晃动，增加消防员的体力消耗，影响消防员作业，甚至造成掉落、碰撞、勾挂、被卡等严重情况。

打开气瓶阀，如图2-19所示，右手向后握住气瓶阀，逆时针旋转手轮至少2～3圈，使气瓶阀完全开启，以避免在使用过程中气瓶阀碰撞造成关闭。此时，可以左手持压力表，检查气瓶压力。当前大部分空气呼吸器气瓶阀有防误关功能，消防员在打开气瓶阀时需按说明书的方法打开，不同品牌的空气呼吸器气瓶阀打开方法不尽相同，有的是将气瓶阀向内按压旋转打开，有的是握紧气瓶阀，将气瓶阀锁定装置按下旋转打开。

▲图2-19　打开气瓶阀

佩戴面罩，如图2-20所示，手持面罩按照下颌至额头的顺序将面罩面框贴住面部，将头罩向后套在头上，然后双手从下到上分别将面罩头带向后收紧。

在收紧面罩头带时，如图2-21所示，应注意拉头带的用力方向为向后，而不是向两侧，否则不容易收紧。面罩佩戴好后，检查面罩佩戴的气密性，用手掌堵住供气阀接口，深吸气并屏住呼吸，若感觉面窗始终向面部贴近，说明面罩气密性良好。

▲图2-20 佩戴面罩

▲图2-21 收紧面罩头带

面罩佩戴好后，将阻燃头套从开口部拉起，戴好阻燃头套，务必使阻燃头套完全覆盖呼吸器面罩边缘，避免出现裸露的皮肤，防止烫伤，如图2-22所示。

▲图2-22　戴好阻燃头套

（a）对准供气阀接口

（b）连接牢固

▲图2-23　连接供气阀

戴好头盔，系紧盔带。连接供气阀，供气阀应完全插入面罩供气阀接口，旋转90°紧密连接，避免出现部分连接不严密漏气的情况，如图2-23所示。连接好供气阀后，深呼吸2～3次，测试空气呼吸器供气情况，空气呼吸器佩戴完毕。

二、侧背佩戴方法

侧背佩戴空气呼吸器的方法适用情况较多，既适用于空气呼吸器在低处，也适用于空气呼吸器在较高位置或从高处取下的情况，以及其他消防员帮助佩戴空气呼吸器时。当前大部分消防车在消防员乘坐靠背的位置，配备了空气呼吸器固定装置，消防员在日常准备时，可将空气呼吸器固定在该位置，在出警途中将手臂伸入两侧肩带，将肩带背负于双肩上，即可完成空气呼吸器主体的佩戴。

采用侧背的方法佩戴空气呼吸器时，如图2-24所示，将空气呼吸器背托朝上，气瓶瓶底朝前，放于地面，将肩带、腰带调整至最大。

▲图2-24　佩戴准备

消防员摘下头盔，放于一侧，将阻燃头套通过面部开口向后下拉，使头套围绕在颈部，如图2-25所示，双手抓握两侧肩带。

▲ 图2-25　抓握两侧肩带

消防员挺身起立，提起空气呼吸器，如图2-26所示，右手松开肩带并伸入左手抓握的肩带中。

▲ 图2-26　右手伸入左手抓握的肩带中

如图2-27所示，将肩带背在右侧肩上。

左手向后伸入左侧肩带，将肩带背在左侧肩上，如图2-28所示，背负好空气呼吸器主体。

空气呼吸器主体背负完成后，后续步骤、要求与举过头顶佩戴方法相同，按照收紧肩带腰带、打开气瓶阀、佩戴面罩、检查面罩气密性、佩戴阻燃头套、佩戴头盔、连接供气阀的顺序，做好空气呼吸器佩戴。

▲ 图2-27　将肩带背在右侧肩上

▲ 图2-28　背空气呼吸器主体

其他消防员帮助佩戴空气呼吸器时，如图2-29所示，帮助的消防员可以站在佩戴消防员的身后，使气瓶靠近自己，双手抓握空气呼吸器肩带。

▲图2-29　帮助的消防员站在后侧

在其他消防员配合下，如图2-30所示，佩戴空气呼吸器消防员将手臂伸入肩带。

▲图2-30　手臂伸入肩带

如图2-31所示，消防员将空气呼吸器主体背负好，后续步骤与举过头顶佩戴方法相同，依次为收紧肩带腰带、打开气瓶阀、佩戴面罩、检查面罩气密性、佩戴阻燃头套、佩戴头盔、连接供气阀。

▲图2-31　背空气呼吸器主体

第四节　卸装

空气呼吸器使用完毕，离开受污染或危险的环境，已处于不需要呼吸保护的安全的大气环境中，消防员可以对空气呼吸器进行卸装。

如图2-32所示，消防员卸下供气阀，同时关闭节气开关。

▲图2-32　卸下供气阀

消防员摘下头盔，置于地面，如图2-33所示，将阻燃头套下拉至颈部。

▲ 图2-33　将阻燃头套下拉

如图2-34所示，消防员捏住面罩左右两侧的头带扣环向前推，即可松开头带，然后再用同样的方法松开其他头带。

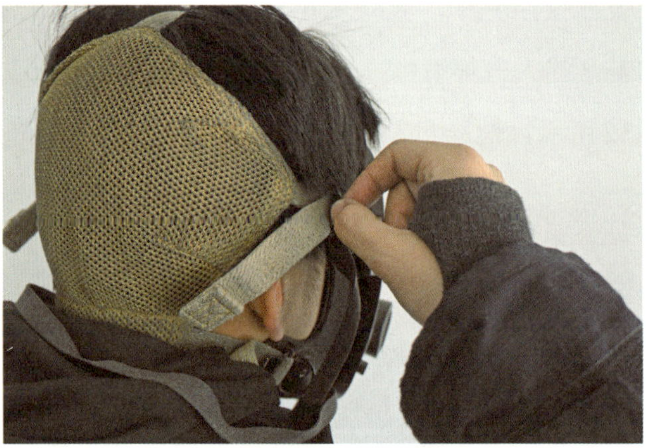

▲ 图2-34　松开头带

摘下面罩。如图2-35所示，消防员将头罩翻至面罩面窗，面罩有颈带时，可将面罩挂于颈部，以便于再次佩戴。

▲图2-35　摘下面罩

如图2-36所示，消防员打开腰带。

▲图2-36　打开腰带

放松肩带。如图2-37所示，消防员两手勾住肩带上的扣板，向上轻提即可放松肩带。

卸空气呼吸器主体，如图2-38所示，左手向上抓握左侧肩带和两根导管（压力表导管、供气阀导管）。

▲ 图2-37　放松肩带

▲ 图2-38　抓握左侧肩带和两根导管

如图2-39所示，消防员右臂从右侧肩带穿出，左手用力，使空气呼吸器从身后移至身前，如图2-40所示，右手迅速抓握右侧肩带或背托，将呼吸器轻放于地面。在卸空气呼吸器主体过程中，左手抓握左侧肩带和两根导管，先卸下右侧肩带，而非右手抓握右侧肩带，卸下左侧肩带，是为了始终能够抓住两根导管，防止磕碰压力表和供气阀。

▲图2-39　右臂从右侧肩带穿出

▲图2-40　卸空气呼吸器主体

消防员右手抓握气瓶阀手轮，顺时针旋转，关闭气瓶阀，如图2-41所示。

如图2-42所示，右手握供气阀，左手逆时针旋转充泄阀，泄放掉空气呼吸器管路系统中的压缩空气，待泄放完毕，关闭充泄阀。

部分空气呼吸器供气阀带有节气开关，消防员可以在不打开供气阀的情况下，直接摘下面罩，这样在实战中可以减少摘面罩的步骤，使消防员可以尽快地呼吸到新鲜的空气。

▲图2-41　关闭气瓶阀

▲图2-42　泄放余气

▲图2-43　放松头带

具体操作方法为：消防员摘下头盔，将阻燃头套下拉至颈部，如图2-43所示，在不打开供气阀的情况下，向前扳面罩头带的扣环，放松头带。

松开所有的头带后，如图2-44所示，消防员摘下面罩，按下节气开关。

▲图2-44　摘下面罩

如图2-45所示，消防员可以将头罩翻至面罩面窗，并将连接供气阀的面罩悬挂在颈部。在需要佩戴面罩的时候，将连接供气阀的

▲图2-45　悬挂面罩

面罩直接佩戴，减少了连接供气阀的步骤，但该方法无法进行面罩气密性测试，消防员应慎重使用该方法佩戴空气呼吸器面罩。

第五节 更换气瓶

由于空气呼吸器气量有限，消防员佩戴空气呼吸器现场作业时间较短，一般在30～50min之间，消防员在火场进行大体力消耗活动的情况下，空气呼吸器使用时间更短。因此，在灭火救援现场，消防员经常需要更换空气呼吸器气瓶。

第一种更换空气呼吸器气瓶的方法，与空气呼吸器组装类似。在安全的大气环境中，按照空气呼吸器卸装的程序，将空气呼吸器卸下，泄放掉管路中的余气，准备好更换的气瓶。如图2-46所示，消防员单膝跪地，将空气呼吸器竖起，打开气瓶瓶箍带卡扣。

▲图2-46 打开瓶箍带卡扣

如图2-47所示，消防员逆时针旋转减压器手轮，将减压器与气瓶阀完全分离。

▲图2-47　逆时针旋转减压器手轮

如图2-48所示，消防员取下需要更换的气瓶，放于一侧。

消防员拿起新的气瓶，将气瓶放到瓶箍带中，如图2-49所示，把气瓶阀口与减压器接口对正，顺时针旋转减压器手轮，将手轮螺纹完全旋入气瓶阀接口并拧紧，使气瓶与减压器连接牢固。

▲图2-48　取下气瓶

▲图2-49　连接气瓶

如图2-50所示，消防员扣好瓶箍带卡扣，将气瓶固定牢固，气瓶更换完毕。

第二种方法是在消防员不卸下空气呼吸器主体的情况下，对气瓶进行更换，该方法需要另一名消防员辅助完成，与第一种方法相比减少了操作步骤，所需时间更短，适用于消防员需要短时间内再次进入灭火救援现场的情况。

▲图2-50　扣好瓶箍带卡扣

在安全的大气环境中，消防员打开供气阀，摘下面罩。也可以只打开供气阀，不摘下面罩。如图2-51所示，消防员右手顺时针旋转气瓶阀手轮，完全关闭气瓶阀。

▲ 图2-51　关闭气瓶阀

消防员手持供气阀，打开充泄阀，如图2-52所示，泄放掉空气呼吸器管路系统中的余气，泄放完毕后关闭充泄阀。

第二名消防员准备好更换的气瓶，第一名消防员弯腰，或者跪于地面，如图2-53所示，第二名消防员打开气瓶瓶箍带卡扣。

▲ 图2-52　泄放余气

▲ 图2-53　打开瓶箍带卡扣

如图2-54所示，第二名消防员逆时针旋转空气呼吸器减压器的手轮，将气瓶阀与减压器完全分离，将气瓶卸下。

▲ 图2-54　逆时针旋转减压器手轮

第二名消防员拿起新的气瓶，如图2-55所示，气瓶阀在后，瓶底在前，将气瓶放入瓶箍带内。

▲ 图2-55　将气瓶放入瓶箍带内

第二名消防员把气瓶阀口与减压器接口对正，如图2-56所示，顺时针旋转减压器手轮将其拧紧，使气瓶与减压器连接牢固。

▲ 图2-56　顺时针旋转减压器手轮

如图2-57所示，第二名消防员扣好瓶箍带卡扣，将气瓶固定牢固，气瓶更换完毕。

▲图2-57　扣好瓶箍带卡扣

空气呼吸器气瓶更换完毕后，消防员应对空气呼吸器进行检查，检查合格后才可以佩戴使用。

第三章 佩戴空气呼吸器搜索技术

搜索是指消防员佩戴空气呼吸器，深入着火建筑物内部，搜索发现被困人员的过程。搜索时，消防员需要进入着火建筑内部，时刻面对高温、浓烟、坍塌等危险，佩戴空气呼吸器增加了消防员的负重，对消防员行动会有一定的影响。由于空气呼吸器使用时间较短，限制了消防员搜索的距离和范围，消防员要关注空气呼吸器气量，及时撤出。搜索技术主要包括基本搜索技术、导向绳搜索技术、红外热成像仪使用技术等。

第一节　搜索概述

一、搜索分类

搜索按处于火灾的不同阶段，分为初次搜索和再次搜索。初次搜索是在火情控制前，通过快速搜索找到被困者。再次搜索是当火情得以控制时，在着火点、着火层、着火层上层及其他区域所进行的全面系统的搜索。

初次搜索一般从起火点附近的区域开始，应快速、全面地搜索建筑内部。例如，起火点在建筑的一层，初次搜索应从起火房间开始，然后向出口——门、窗户、安全通道搜索，因为在火灾发生时，人们经常试图向出口移动从而逃离火场，如果被困者没能成功逃生，搜索的消防员就可以在通往出口的通道上发现他们；在搜索完起火点和通向出口的通道后，就应该搜索毗邻的卧室，尤其是晚上发生的火灾；在搜索完整个着火楼层，包括卫生间、家具背面和下面之后，搜索的范围应进一步扩大，由于高温有毒烟气上升，着火楼层以上的楼层和顶层也要进行搜索。

再次搜索应为全面搜索，在火情被控制后开展，应考虑被困者可能会出现的每一个地方。在建筑火灾中，即使火灾发生在较低的楼层或地下室，起火点之上的每一个楼层都应纳入再次搜索范围。无论是什么部位起火，着火房间内的烟气、热量都会沿着敞开的楼梯上升、扩散到上面的楼层。经常在顶楼发现从其他较低的楼层逃出来的被困人员，在进行再次搜索的过程中需要询问建筑内的居民、工作人员，清查所有在场的人员，了解被困人员的情况。

搜索按是否使用导向绳，分为基本搜索和导向绳搜索。基本搜索是指不使用导向绳，主要依靠墙体作为定向参考，进行搜索的方式。导向绳搜索是指搜索小组在搜索过程中，使用导向绳作为导向工具进行搜索。

基本搜索以墙体作为定向标志，不使用导向绳，通常搜索小组人数较少，一般为2～3人，行动灵活迅速，便于快速进行搜索。基本搜索方式是搜索的基础，要求消防员能够以墙体作为标识，完成对建筑物的搜索，遇有突发情况，能够快速撤出，通过基本搜索可以锻炼消防员在浓烟建筑物内的方向感，提高消防员在着火建筑内的行动能力。

利用导向绳进行搜索更为复杂，需要搜索小组掌握导向绳铺设、行进、个人导向绳使用等多种技术，由于导向绳需要专人携带、铺设，导向绳搜索小组人员也更多，指挥、行动难度更大，但借助导向绳，搜索小组可以更远地深入建筑内部，尤其适用于影院、商场、厂房、城市综合体等大空间建筑。

二、搜索小组的组成

搜索小组最少为2人，根据任务需要和搜索方式的不同，小组人员可为3人、4人或5人，甚至更多。但无论搜索小组为几人，都必须设组长1名，组长与指挥员、安全员保持联系，指挥搜索小组统一行动，负责小组成员的安全。搜索小组成员之间应保持联系，防止走失，通常在找到被困人员后，还应负责将被困人员救出，如果找到的被困人员较多，搜索小组无法完成救援时，应及时呼叫增援，由其他救援小组将人员救出。

通常情况下，搜索小组为2～3人，人数较少，行动灵活，可以快速地行动，完成搜索任务。由于搜索小组人员较少，还需要完成对被困人员的救出，因此，所携带的装备有限，一般采用基本搜索的方式进行搜索，通常用于搜索面积较小的建筑物。

当搜索小组为4～5人时，人数较多，分工明确，可以携带导向绳、备用气瓶等装备，可采用导向绳搜索的方式，可以长距离地深入建筑内部，适用于大空间建筑物的搜索。由于搜索小组人数较多，可以一次救出的被困人员较多，但是，搜索小组人数多，在火场浓烟、视线受阻的情况下，指挥和统一行动较为困难，搜索行动速度可能会受到一定的影响，特别要注意防止小组人员走失。小组人员应遵循一同进入、一同撤出的原则，保持小组的完整性，只有在特殊情况下，例如：部分组员空气呼吸器气量不足需先行撤出，小组分开不同方向搜索等情况，4～5人搜索小组方可进行拆分，搜索小组组长应及时向指挥员汇报，小组拆分后应保证每个分开的小组不少于2人，同时指定拆分后每个小组的负责人。

搜索时，应系统细致地进行，尤其以下列部位为重点：楼梯口附近，楼梯尽头、走廊、走廊的拐角处；电梯内、出入口的门厅附近；逃生器材的附近；窗边、房间角落、阳台等出入口及其附近；单人房间、橱柜、商品陈列柜等大型家具的内部或空隙中；卫生间、浴室等短时间内能够躲避烟气的临时避难场所。对每一个部位的搜索任务完成后，均应留下搜索标记，例如将椅凳翻扣、床垫横放床上、盥洗室门敞开等，但房门应关闭以阻挡外部火势的侵入。

三、搜索装备

内攻搜索既要完成搜索发现被困者，还需要将被困者救出火场，有时还需要破拆门、窗，开辟通道，消防员在佩戴全套个人防护装备的情况下，还需要携带很多装备，主要包括红外热成像仪、主导向绳、个人导向绳、照明器材、火场照明线、被困人员呼吸保护器材、扁带、破拆工具、对讲机等。

红外热成像仪可以帮助消防员穿透烟雾，清楚地看到火场的情况，尤其是可以帮助发现被困人员，是重要的辅助搜索的器材，如图3-1所示。有研究表明，消防员使用热成像仪与不使用热成像仪

▲ 图3-1　红外热成像仪

相比，被困人员搜索的时间大幅缩短，搜索效率显著提高。消防员利用热成像仪，还可以发现着火点，判断火势发展情况和蔓延方向，看清墙体、家具、走廊和门厅等建筑物内部结构，以及结构性破坏，如地板上的孔洞、坍塌区、掉落的碎片等，从而帮助消防员躲避障碍物，提高在火场内部的行动速度。

主导向绳和个人导向绳帮助消防员在搜索中不迷失，遇到紧急情况可以沿导向绳快速撤出。扁带主要用于对被困人员进行附着，拖拽被困人员，扁带最好提前形成扁带圈，以便于使用，没有扁带时，可以用短的绳索代替。破拆工具主要包括消防斧、铁铤等，搜索中消防员可用破拆工具卡住门，防止门的关闭，还可以对门、窗户进行破拆，打开行进、救援通道或进行通风，在紧急情况下，还可以对墙体进行破拆，打开逃生通道，另外，破拆工具还可以用于搜索时扩大搜索范围。

四、搜索时的身体姿势

由于火灾现场高温、浓烟、能见度低，消防员在搜索时身体姿势应以前虚后实探步前进或低姿前进为主，这是因为热烟气层在上部，低温空气在下部，下部温度更低，能见度更高，因此，采用较低的身体姿势，周围温度更低，接受的热辐射更少，视野更好，并且能够减少高温、灼烧、碰撞、坠落等风险。

消防员前虚后实探步前进，如图3-2所示，消防员通过腿部、腰部弯曲降低身体高度，张开手臂进行摸索，前腿虚后腿实，将重心放于后腿，前腿向前探步，这样可以避免踩空或坠落。消防员探步前进时，身体高度仍然较高，适用于火场条件较好、烟气较少、温度较低的情况，在高温、浓烟的现场通常不宜采用探步前进的方式。

▲图3-2 探步前进

在高温、浓烟等恶劣火场环境中，消防员最好采用低姿前进。低姿前进又分为蹲姿前进、爬行前进和单膝跪地前进。如图3-3所示，蹲姿前进时消防员采用蹲下的姿势，一脚在前可以探步，用手臂进行摸索。蹲姿前进移动速度较快，但是，蹲姿前进腿部压力大，是比较累的前进方式。

▲图3-3 蹲姿前进

爬行前进时双膝跪地，两手着地，用手进行摸索，向前爬行，如图3-4所示。采用爬行的姿势前进时，用手在前摸索，利于搜索被困人员，还可以有效避免由孔洞坠落，但爬行前进速度相对较慢。爬行前进膝盖容易疼痛，需要进行长时间练习，也可以配备加厚膝盖部位的灭火防护服。

▲图3-4 爬行前进

在蹲姿前进和爬行前进的基础上，将二者进行融合，产生了单膝跪地的前进方式。如图3-5所示，消防员一腿在前，后腿单膝跪地，身体坐于跪地的腿上，经过训练，消防员单膝跪地可以以较快的速度前进。单膝跪地前进的方式克服了蹲姿前进腿部压力大，以及爬行前进速度慢的缺点，将蹲姿前进和爬行前进两种方式进行了较好的结合。

消防员火场行进的方式与日常行进方式有很大不同，佩戴空气呼吸器后又进一步增加了行进的难度。因此，消防员要进行专门的训练，通过设置场景、模拟黑暗环境、烟热训练、真火训练等方法，增强训练的真实性，从而提高消防员佩戴空气呼吸器行进能力。

▲图3-5　单膝跪地前进

第二节　基本搜索技术

基本搜索中主要采用沿墙搜索方法进行导向，沿墙搜索方法要求搜索小组进入建筑或房间后，在行进中始终保持墙的位置在消防员的左手或右手边，用墙作为搜索行动的定向参考，便于进入、撤出和搜索，也称为左手/右手定则，下面以左手定则为例来说明基本搜索的方法。

一、左手定则

搜索小组按左手定则进行搜索时，进入建筑物后，在楼道或楼梯内行进，由房门进入房间搜索时，消防员保持墙壁在左手边。如图3-6所示，搜索时第一名消防员使墙壁在自己的左手一侧，低姿沿墙行进，后面的消防员位于第一名消防员的右后方，通过抓握第一名消防员身体或利用个人导向绳，与第一名消防员保持联系，这样既可以防止走失，又可以扩大搜索面积。搜索小组始终保持墙壁在左侧，沿墙对房间搜索一圈后，将回到门的位置，这样可以继续前进，进入下一个房间搜索。如果搜索到被困人员或有突发情况，根据到达出口的距离，如果向前距离出口较近，搜索小组可继续向前撤出，如果向前距离出口较远或危险未知，搜索小组可向后转身，改为右手定则，沿原路返回。

▲图3-6　基本搜索左手定则

二、小房间搜索方法

当房间较小并比较规整时，比如普通的居民楼、办公楼、宿舍等，消防员可采用左手或右手定则，按照基本搜索技术方法，对房间进行搜索。消防员进行基本搜索时，第一名消防员位于房间墙壁一侧，其余消防员位于第一名消防员的另一侧后方，采用跪姿、蹲姿等低姿前进，后一名消防员也可以利用个人导向绳与前一名消防员相连，这样可以防止消防员迷失。

搜索时，只要房间的宽度小于搜索小组行进时搜索宽度的两倍，搜索小组沿墙壁搜索一圈即可将房间完全搜索，没有遗漏。搜索小组的搜索宽度是指以定向的墙壁为基准，搜索小组搜索时最远覆盖的点与墙壁的垂直距离，比如，三名消防员比两名消防员并排搜索的搜索宽度要大。搜索小组沿房间墙壁搜索一圈，实际上可以看作进入房间时沿长边搜索一次，出来时沿另一个长边搜索一次，每次沿长边搜索时，搜索小组的搜索宽度能够不低于房间宽度的一半，即搜索区域可以到达房间的中线，通过沿长边一来一回两次搜索，就可以保证将房间搜索一遍。因此，小房间可以认为是房间宽度不大于搜索小组搜索宽度两倍的房间。搜索小组应了解本小组的搜索宽度，在进入建筑物搜索前，最好能够得到需要搜索的房间的大致宽度，在搜索中，注意估算房间的宽度，如果宽度超出了本小组搜索宽度的两倍，则要采用其他适当的方法，以便对房间进行无遗漏的搜索。

如果搜索小组离开墙壁，到房间中间搜索，无法回到原来的墙壁，可以向一个方向前进，直到到达墙壁的位置，然后按照右手或左手定则沿墙壁行进，即可回到房间入口。

三、扩大搜索面积的搜索方法

当房间宽度大于搜索小组搜索宽度的两倍时，搜索小组按小房间搜索的方法，沿墙壁搜索一圈，房间中间部分区域将未被搜索。在这种情况下，搜索小组就不能仍按小房间搜索的方法进行搜索，搜索小组应考虑采用扩大搜索面积的方法，以确保对房间进行完全搜索。

扩大搜索面积的搜索方法主要有：利用身体法、利用工具法、个人导向绳法等，这些方法通常以沿墙搜索为基础，在沿墙搜索的基础上扩大搜索的面积。扩大搜索面积的搜索方法也可用于导向绳搜索，扩大导向绳搜索的搜索面积。

（一）利用身体法

沿墙搜索的消防员，每隔一段距离垂直于墙壁向房间内部搜索，如图3-7所示，一名消防员用脚贴近墙面向房间内趴下，用脚保持和墙壁的联系，用手抓住前面消防员的身体，前面的消防员也可以趴下或低姿进行搜索，这样既可以扩大搜索面积，又可以保持与墙壁的接触，避免迷失，完成向房间内部搜索后，消防员继续沿墙向前搜索。

▲图3-7　利用身体法

（二）利用工具法

消防员在搜索中应携带消防斧、铁铤等长的破拆工具，在搜索时可以用破拆工具扩大搜索范围。如图3-8所示，消防员在搜索中利用破拆工具在身前进行弧形搜索，与徒手搜索相比，可以有效扩大搜索的面积，加快搜索速度。利用破拆工具搜索时，需要注意应将破拆工具的轻质手柄朝前，用手柄进行搜索，这样在搜索中不会造成对被困者的伤害。

▲图3-8　利用工具弧形搜索

利用工具扩大搜索范围还可以将破拆工具垂直于墙面放在地面上，如图3-9所示，一端与墙面接触，消防员用脚接触工具的另一端向房间内趴下，与利用身体法一致，用手抓住前面消防员的身体，前面的消防员趴下或低姿进行搜索。

在搜索中携带长的破拆工具还可以发挥以下作用：

① 用破拆工具卡住门，防止门的关闭。

② 对门进行破拆，打开通道。

▲ 图3-9　另一种利用工具法

③ 对窗户进行破拆，作为救援通道或进行通风。

④ 在紧急情况下，对墙体进行破拆，打开逃生通道。

⑤ 遇到高的障碍物，将破拆工具竖放，踩破拆工具爬上障碍物。

（三）个人导向绳法

当搜索的消防员配备有个人导向绳时，可以利用个人导向绳扩大搜索范围，此时，要求个人导向绳有一定的长度，能够进行延伸。利用个人导向绳扩大搜索范围的具体方法为，如图3-10所示，一名消防员位于墙壁处，另一名消防员用个人导向绳与墙壁处消防员相连，延伸个人导向绳并向房间内部搜索，以此扩大搜索面积，延伸搜索完毕后，利用个人导向绳回到初始位置，搜索小组继续向前搜索。

四、基本搜索的注意事项

搜索小组在进行基本搜索前和搜索过程中，应注意以下事项。

▲图3-10　个人导向绳法

在进入建筑物搜索前，搜索小组应了解建筑物布局，提前规划搜索路线和搜索方法，提高搜索效率，如果几个搜索小组同时进行搜索，则应划分好各自的搜索区域，相互协同。搜索小组还应掌握门、窗位置，确定备用逃生出口，如果火场情况突变，可以及时逃生。进入搜索前，搜索小组应准备好所需的器材，例如热成像仪、破拆工具、照明器材等，避免出现所需器材未携带的情况，搜索小组组长应检查小组成员的空气呼吸器气量情况，安全员应登记搜索小组消防员姓名、进入时间、气量等情况。在搜索行动中，如果任何一名消防员的空气呼吸器出现低压报警，搜索小组应及时撤出。

现场指挥员应根据火势、热量和烟雾等情况，确定在搜索中是否需要铺设水带设置水枪掩护。搜索小组组长在搜索中应及时向指挥员报告搜索的进展和火势的发展状况，这样可以帮助指挥员及时作出决策，同时根据需要及时请求增援以及撤出。

在进行搜索时，由于热成像仪能够大大提高搜索小组搜救被困人员的工作效率，搜索小组应尽可能携带并使用热成像仪。通常，搜索小组组长持有热成像仪，搜索小组进入新的搜救区域时，组长可以手持热成像仪给其他消防员观看热成像仪屏幕，并注意相对慢速扫视整个搜索区域，以便在开展搜救行动前，搜索小组可以大致了解一下内部结构。

搜索小组进入房间时，可以用物品塞住或挡住门，如使用消防斧、铁铤塞住门，这样可以防止门意外关上无法打开，也能够帮助搜索完毕后找到门的位置。搜索时，应注意搜索卫生间、淋浴房、浴缸、衣柜内、厨房、橱柜、门后、窗帘后面、桌子下面等位置，在可能存在被困者的地方，应放慢或停止呼吸仔细倾听，搜索被困人员。搜索中不应乱动家具、被褥以及其他物品，这样会阻碍行进，甚至会掩盖被困者。

搜索小组搜索到被困人员后，应及时向指挥员报告，判断是否能够将被困人员救出，能够救出则尽快将被困人员救出，否则应及时请求增援。

第三节　导向绳搜索技术

基本搜索技术适用于面积较小的房间，如果对面积大的房间进行搜索，需要深入房间内部，基本搜索技术主要采用沿墙搜索的方法，无法较远地深入房间内部进行搜索，以避免消防员迷失方向。利用导向绳进行搜索可以有效帮助消防员深入建筑内部，在搜索到被困人员后，可以沿导向绳将被困人员救出，遇到紧急情况，搜索小组可以沿导向绳快速撤出。

一、导向绳

目前，虽然导向绳的重要性已被普遍认可，但在实际灭火救援中导向绳使用仍然较少，主要原因在丁 方面没有配备好用的导向绳，另一方面缺少导向绳搜索技术的积累和训练。导向绳是专门用于搜索的绳索，为便于使用，有些特殊的要求，市场上成型的导向绳产品很少，需要消防员自行制作、组装。

导向绳长度，通常为60～80米，导向绳太短不利于大空间搜索，太长的话，比如100米以上，单根绳索的重量、体积较大，携带、使用不便。另一个需要考虑的问题是导向绳的粗细，即用直径多粗的绳索做导向绳合适，导向绳不宜过粗，比如直径13mm以上的绳索，重量大、体积大，难以携带，也不宜过细，过细消防员戴手套难以操作，目前，关于导向绳直径没有统一的要求，需要消防员选择合适的直径。关于导向绳是否需要使用耐高温绳索，随着消防员个人逃生绳的发展，个人逃生绳具有较好的耐高温性能，消防员如果可以用耐高温绳索作为导向绳最好，但目前耐高温绳索还不普及，种类较少，消防员可以用普通的消防绳索作为导向绳。导向绳最好每隔一定距离，比如10m、15m或20m，做相应的标志，可以用绳结、金属环等，这样消防员可以知道深入火场的距离。

在灭火救援中，有一种装备容易与导向绳混淆——消防救生照明线，如图3-11所示，消防救生照明线是用于在火灾烟雾环境中指引逃生路线的发光线，由供电系统、发光线体、绕线转盘等组成。消防救生照明线同样可以为消防员提供导向作用，但与导向绳相比，消防救生照明线重量重，无法打结，消防员也无法用安全钩连接照明线，在实际的作战中，指挥员、消防员应注意区分选择两种器材。

▲ 图3-11　消防救生照明线

个人导向绳用于消防员与导向绳或其他消防员的连接，在搜索中可以利用个人导向绳进行延伸搜索，个人导向绳长度不同的资料给出的数值不同，有6m、10m、15m等，通常个人导向绳不宜超过15m，这样导向绳可以限制消防员进入搜索的距离，以便消防员迅速撤离，防止消防员无法及时返回。

需要注意在搜索小组行进时，消防员之间或与主导向绳连接的个人导向绳长度应为1.5 ～ 2m，其余的个人导向绳应放在绳包内，在延伸搜索时随消防员行进逐步释放，延伸搜索完成后，消防员边收个人导向绳边回到起点，整理好后放入绳包，以备再次使用。当前，市场上有进口的可自动回收的个人导向绳，但还很少，可自动回收的个人导向绳使用后不用收绳，避免了在黑暗中收绳的困难，使用更为方便。消防员还应注意不能用个人逃生绳作为个人导向绳，两种器材不可混用。

为便于导向绳、个人导向绳的存放与铺设，应配备大小合适的绳包。导向绳整理时，首先将导向绳的一端用安全钩连接于绳包，防止导向绳释放时绳索全部放出，导致找不到导向绳，将导向绳全部放入绳包，另一端连接安全钩，便于导向绳固定。

目前，比较好的导向绳铺设的方式是将导向绳一端固定在外部，搜索小组带导向绳进入，边进入边铺设，传统的导向绳铺设方式与这种方式有很大的不同，传统的方式是将导向绳一端连接安全钩固定在消防员腰带上，导向绳放在火场外部，随着搜索小组的进入，由一名消防员在外部不断释放导向绳，传统的方式在经过多个转角以后，绳索摩擦力会很大，难以向前铺设，还需要多一名消防员专门释放导向绳。

二、导向绳搜索小组

导向绳搜索小组一般由3～4名或更多的消防员组成，搜索小组在进入建筑物搜索前，应准备好各自的器材装备，明确搜索的范围。在搜索时，通常搜索小组组长位于最前面，处于1号员位置，承担搜索小组指挥的责任，并携带热成像仪、破拆工具等器材。导向绳由2号员铺设。搜索小组组长通常位于导向绳前方，可以灵活移动，可利用热成像仪判断建筑情况、内部布局、火势等，并能够与搜救组其他成员保持紧密联系。同时，搜索小组组长还承担评估现场风险，监控全组空气呼吸器气量消耗，与指挥员、安全员保持联系，利用热成像仪协助搜索行动等任务。由于搜索小组组长配备有热成像仪，能够较为清晰地看到火场环境，且不受导向绳的限制，移动速度较快，搜索小组组长应控制移动速度，防止与搜索小组脱离，在搜索中，组长还应让其他成员通过热成像仪观察火场环境，通过热成像仪布置搜索任务，提高搜索效率。

2号员位于1号员后面，负责携带、铺设导向绳。如图3-12所示，在搜索入口外寻找牢固的锚点，2号员将导向绳一端固定在锚点上。2号员将导向绳绳包背于身上，或者用手拉拽导向绳绳包在地面拖行，边向前行进边释放导向绳。在需要进行延伸搜索的位置，其他号员以2号员为基准点进行延伸搜索。3号员、4号员在2号员后面，可以利用个人导向绳与导向绳或前面的队员连接，3号员、4号员携带破拆、救人器材，负责搜索、救人等工作。

▲ 图3-12　导向绳固定

搜索小组找到被困人员后，将被困人员救出，如果救出时回收导向绳，2号员需要边撤出边将导向绳放入绳包，同时搜索小组还需要负担被困人员沿导向绳行进，2号员无法对救人提供帮助，在浓烟黑暗的环境中，以上操作是很困难的。因此搜索小组可以先不回收导向绳，沿导向绳将被困人员救出，导向绳可以作为所有消防员进入、撤出的导向，火灾扑救完毕后再进行回收。

三、导向绳搜索模式

（一）沿墙搜索模式

如图3-13所示，采用沿墙搜索模式时，搜索小组须沿墙壁行进，边向前行进边铺设导向绳。该搜索模式尤其适用于火势大、火场情况恶劣时，墙面可以作为位置参考，遇到危险或突发情况时，可沿墙壁快速撤出。

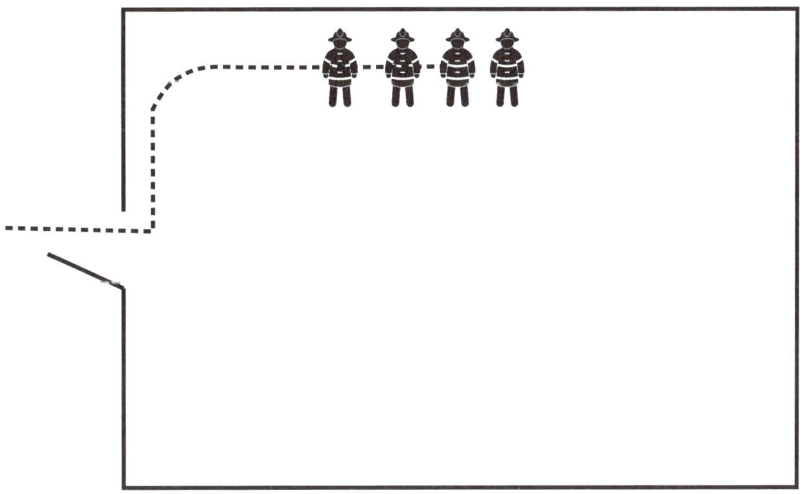

▲图3-13　沿墙搜索示意图

在应用沿墙搜索时，如图3-14所示，应注意行进一段距离向建筑物内部延伸搜索，向内部搜索时，可采用利用身体、工具扩大搜索范围的方法，最好的方法是利用个人导向绳向内部延伸搜索，具体的操作方法为：搜索小组停止前进，组长命令向内部延伸搜索，3号员、4号员将各自的个人导向绳与2号员连接，或者在导向绳上制作双股单结，将个人导向绳钩挂于双股单结，如果想更长地延伸搜索距离，可以3号员个人导向绳与2号员或导向绳连接，4号员个人导向绳与3号员连接，这样可以进一步延伸搜索距离。向内部延伸搜索时，2号员在原位保持不动，3号员、4号员向内部搜索，搜索完毕后，回到初始位置，继续沿墙向前搜索，前进一定距离后，再次向内部延伸搜索。

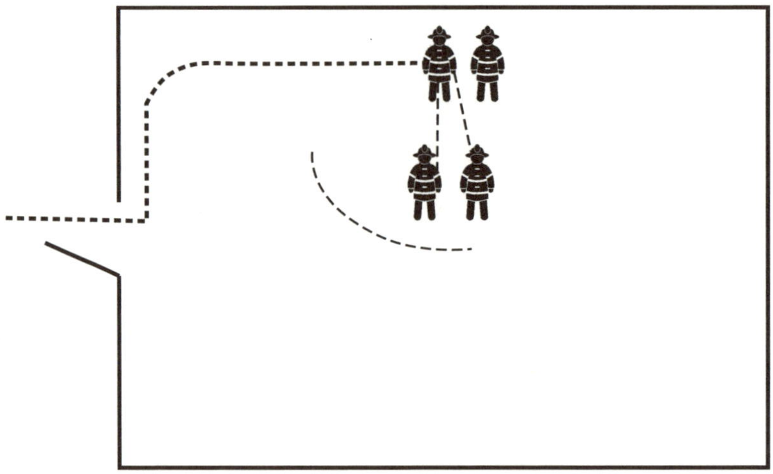

▲图3-14　向内部延伸搜索示意图

（二）扫描搜索模式

采用扫描搜索模式搜索时，搜索小组从建筑中部向前行进，如图3-15所示，在行进一定距离后进行弧形延伸搜索，与沿墙搜索的延伸搜索一样，3号员、4号员利用个人导向绳与2号员或导向绳连接，以2号员为中心，进行半圆形搜索，行进一段距离后，再次进行半圆形搜索。如果搜索人员不足，组长也可以加入共同进行搜索。

（三）并排搜索模式

采用并排搜索模式搜索时，搜索小组通常也从建筑中部向前行进，具体的搜索方法如图3-16所示，需要搜索时搜索小组停止

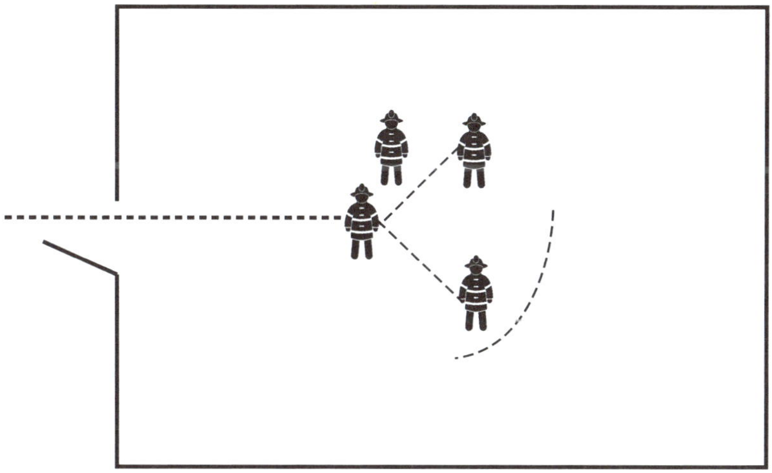

▲ 图3-15　扫描搜索示意图

前进，2号员保持不动，其他号员在2号员后方，用个人导向绳与导向绳连接，相互间隔两臂长的距离，统一向一个方向搜索，搜索完毕后，回收个人导向绳，回到导向绳位置，再统一向另一个方向搜索，搜索完毕后，继续前进，前进一段距离重复并排搜索过程。

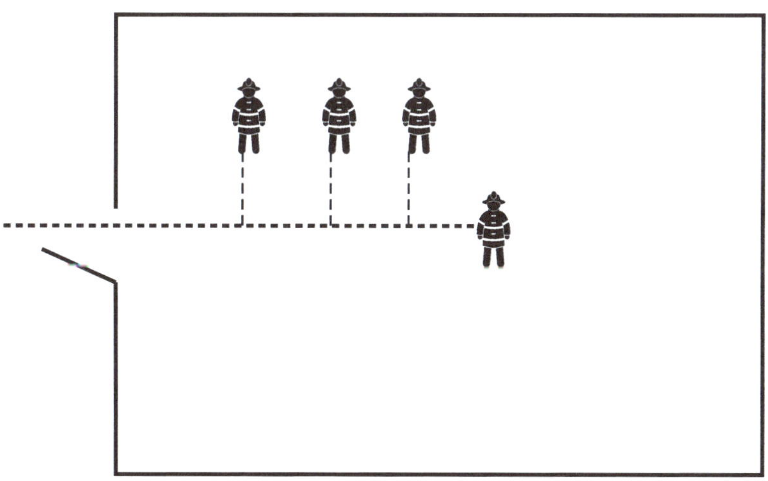

▲ 图3-16　并排搜索示意图

（四）滚动搜索模式

滚动搜索模式一般适用于建筑内小房间较多的情况，搜索小组至少有4名消防员，如图3-17所示，组长将搜索组分为两个小组，第一个小组进入第一个房间搜索，第二个小组继续前进，到达第二个房间，第二个小组进入第二个房间搜索，第一个小组搜索完第一个房间后，向前行进越过第二个房间，搜索第三个房间，两个搜索小组依次交替向前滚动搜索。滚动搜索可以提高搜索效率，但要求消防员具有较高的作业水平，能够组成独立的搜索小组，在搜索时，也可以1名消防员进入房间搜索，另一名消防员在门口作为安全员。

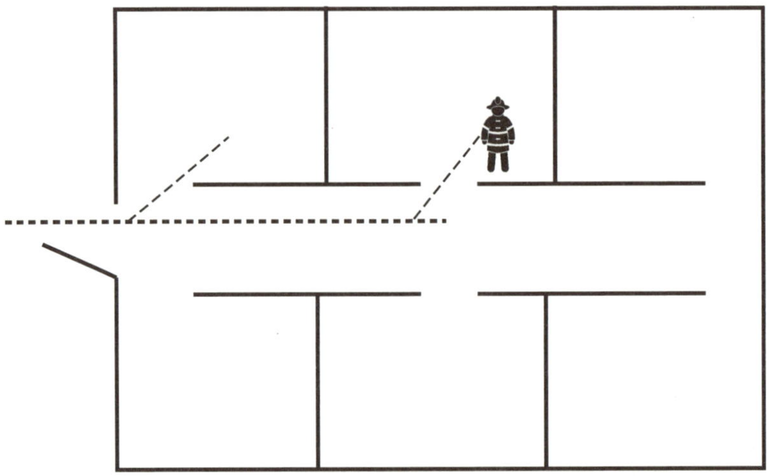

▲ 图3-17　滚动搜索示意图

四、导向绳搜索注意事项

利用导向绳搜索时小组人员通常在4人以上，指挥协调难度较大，因此，搜索小组组长应具备相应的组织指挥能力，能够合理地分配任务，消防员之间应保持联系，避免出现人员失联、迷失等问题。消防员在沿导向绳行进、撤出过程中，以及使用个人导向绳时，由于环境黑暗，应避免被导向绳缠绕、牵绊。导向绳的使用有效扩大了消防员的搜索范围和深入火场的距离，但深入火场距离越远危险因素越多，撤出的通道可能会被火势、坍塌等阻断，搜索小组应更加关注空气呼吸器气量，组长及时掌握小组成员的剩余空气呼吸器压力，预留出充足的气量用于撤出。

在利用导向绳搜索时，最好采用将导向绳一端固定在火场外部，搜索小组携带绳包，边进入边铺设导向绳的方式，而非采用将导向绳一端固定于搜索消防员身体，搜索小组进入，外部放绳的方式，后一种方式需要多一名消防员专门释放、收整导向绳，而且导向绳经过长距离铺设、多次弯折，摩擦力非常大，容易造成导向绳铺设、移动、回收困难。

在找到被困人员后，关于将被困人员救出时是否需要边救出边回收导向绳的问题，由于黑暗中收整导向绳非常困难，也不利于搜索小组沿导向绳撤出，因此，建议可以将导向绳进行固定，多余的导向绳和绳包留在火场内，搜索小组沿导向绳救出被困人员，其他进入火场的消防员也可以利用该导向绳指引方向，灭火后再收整导向绳。

第四节　红外热成像仪使用技术

红外热成像仪是指通过红外光学系统、红外探测器及电子处理系统，将物体表面红外辐射转换成可分辨的图像信号的设备。红外热成像仪由镜头组件、机芯组件、显示设备和电源组成。红外热成像仪用于协助消防员在黑暗、浓烟条件下进行火情侦察、人员搜救、辅助灭火、火场清理及防火检查等，特别是在火场人员搜索方面，可以大幅提高搜索的效率。

一、分类

红外热成像仪按照其应用方式，可分为救助型热成像仪和检测型热成像仪；按结构不同，可分为手持型和头戴型。

救助型热成像仪一般在红外方式下具有多种显示模式，具有温度测量、耗电显示、图像降噪功能和在特定环境温度（如高温）持续工作的能力及较高的外壳防护等级。救助型热成像仪主要用于消防救援中的火情侦察、人员搜救、辅助灭火和火场清理等，特别适用于协助消防员在浓烟、黑暗、高温等环境条件下进行灭火和人员搜救作业。

检测型热成像仪一般应用于电气设备、石化设备、工业生产安全和森林防火的检查，具有图像冻结、图像存储、热像还原、操作提示和参数修正功能。检测型热成像仪比救助型热成像仪具有更高的测量精度。

二、工作原理

所有温度超过绝对零度的物体都会辐射红外能，红外热成像仪就是利用我们周围的物体都会不停地发出热红外线的原理，来探测人类肉眼不能直接看到的可见光范围以外的物体。如图3-18所示，当红外热成像仪对准一个目标时，仪器的光学镜头就把能量积聚在红外探测器上，探测器产生一个相应的电压信号，这个信号与接收的能量成正比，也和目标温度成正比。通过对探测器输出电压信号进行放大、视像转换等处理，在监视器上可以看到与周围环境存在温度梯度且温度较高物体的轮廓。

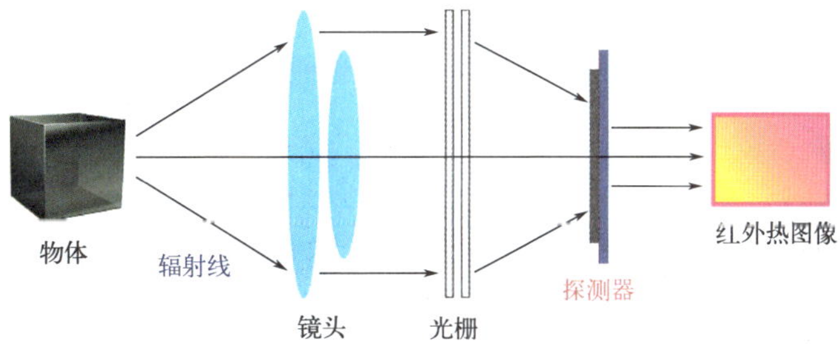

▲ 图3-18　红外热成像仪工作原理图

利用红外热成像仪测定目标本身和背景之间的红外线差可以得到不同的红外图像，热红外线形成的图像称为热图像。目标的热图像和目标的可见光图像不同，它不是人眼所看到的目标可见光图像，而是目标表面温度分布图像。红外热成像仪是将人眼不能直接看到的目标的表面温度分布，变成人眼可以看到的代表目标表面温度分布的热图像。

三、显示模式

目前红外热成像仪有多种成像显示模式，以便于消防员更好地在不同应用环境下的使用。消防员在火场中进行火情侦察、人员搜索时，应选择合适的显示模式。

（一）火灾模式

火灾模式一般用于建筑内部灭火救援时，该模式的特点在于当温度高于150℃时，物体的显像将逐渐增加着色，从而更清晰地判断物体的温度，如图3-19所示。着色是固定的，通过改变亮度和色彩，使图像细节在整个范围内保持可见。

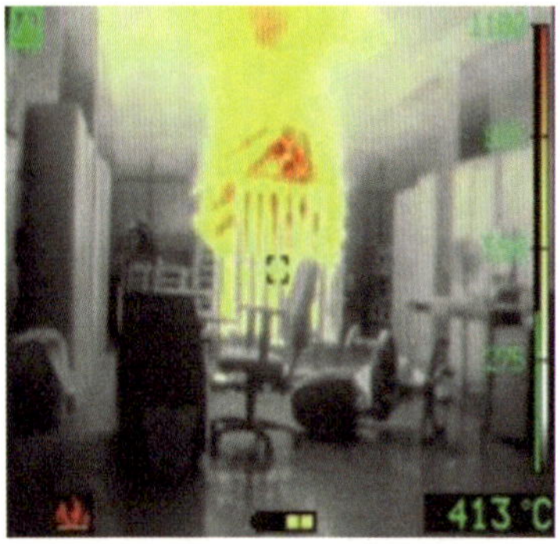

▲ 图3-19　火灾模式

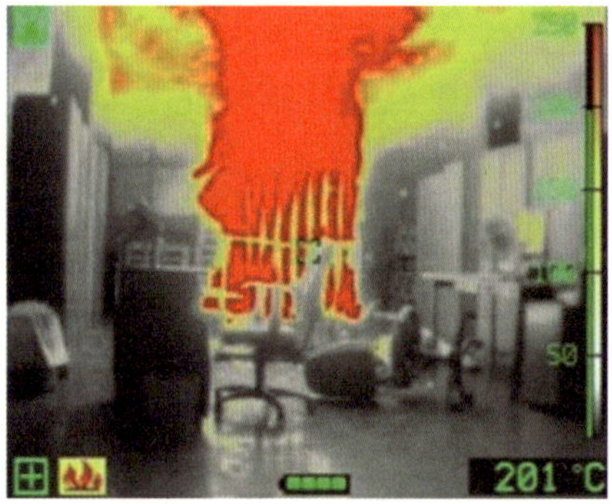

▲ 图3-20　评估模式

（二）评估模式

评估模式主要用于建筑火灾侦察，定位建筑高温区域。此模式与火灾模式不同的是，其将显像着色的温度变低，在250℃的有限动态范围内进行着色，从而能够在外部快速判断高温度区域及着火点位置，如图3-20所示。

（三）白热模式

白热模式主要用于搜索野外、着火建筑物内或交通事故现场的人员，如图3-21所示，该模式未将温度现象做颜色区别，只有白热、黑冷的对比，屏幕右侧有从-40 ～ 80℃的有限动态范围温度参照条，通过改变亮度使图像细节在整个范围内保持可见。

▲图3-21　白热模式

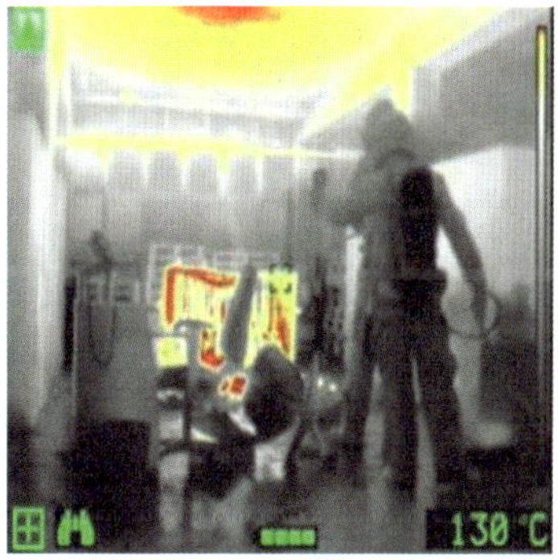

▲图3-22　搜索模式

（四）搜索模式

搜索模式可用于热源和高热物体的搜索，主要特点就是将环境中温度最高的物体突出地显为红色，利于搜索人员及时定位环境中的高热物体，如图3-22所示。

（五）搜救模式

该模式一般用在未着火的区域搜寻被困人员，如图3-23所示，该模式的特点是在没有过火的环境中，利用蓝色和高反差的画面凸显热源，增加搜救发现的概率。

（六）检查模式

检查模式主要用于维护性检查，对设备和建筑物进行检查，该模式的特点在于其对不同温度的物体为全色阶（黑色、蓝色、紫色、橙色、黄色到白色）显示，能够清晰地看到不同温度的颜色差异，通过改变亮度和色彩，使图像细节在整个范围内保持可见，如图3-24所示。

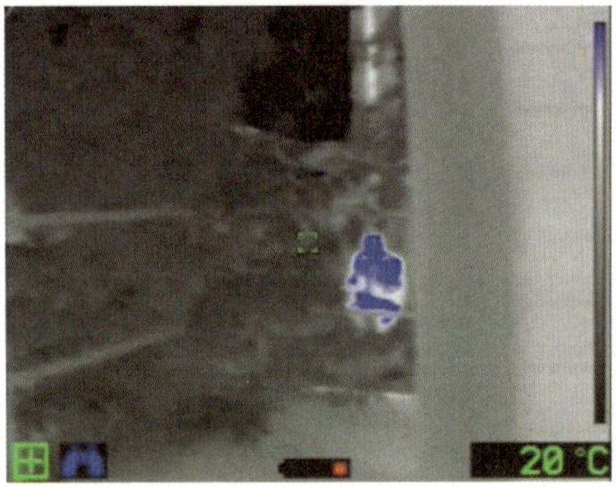

▲图3-23　搜救模式

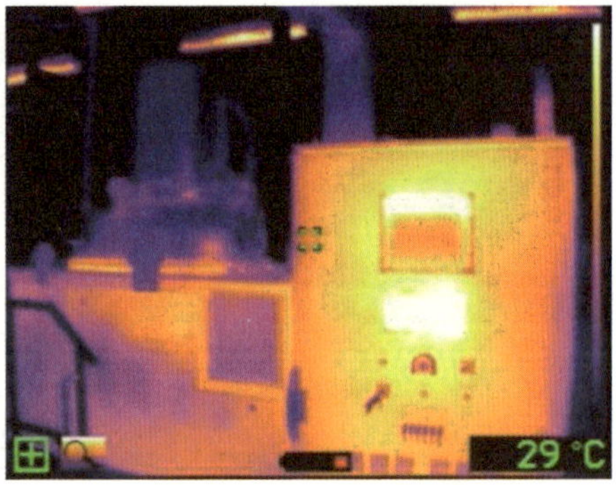

▲图3-24　检查模式

四、应用场景

（一）火场应用

1.火情侦察

火情侦察主要判断燃烧产生热量的火点和蔓延途径，以此判断火场最先起火的房间、着火点的具体位置、火灾发展和蔓延的方向等，帮助确定火灾发展的阶段和火场进攻的路径，火情侦察一般使用火灾模式和评估模式。

（1）判断最先起火的房间

民房火灾发生后，受建筑分隔的影响，燃烧会暂时局限在最先起火的房间里。随着燃烧的不断进行，火势突破门窗向其他房间蔓延，由于最先起火的房间燃烧时间最长，燃烧最充分，室内温度最高。所以，利用红外热成像仪在建筑物外部实时成像，可以大致确定最先着火房间。

（2）判断火灾蔓延方向

一般而言，火灾烟气的蔓延方向就是火势蔓延的方向，由于火灾烟气具有高温高热的特性，通过热成像仪实时成像的特点观察火灾烟气的流动方向可大致判断火势蔓延的方向，并大致判断火场内部压力分布及烟气驱动形式，如图3-25所示。

（3）判断起火点

火场中起火点的判断非常重要。一般起火点位置的室内墙壁和顶棚处为整个建筑内部温度的最高处，可以以此判断出起火点的大概位置。

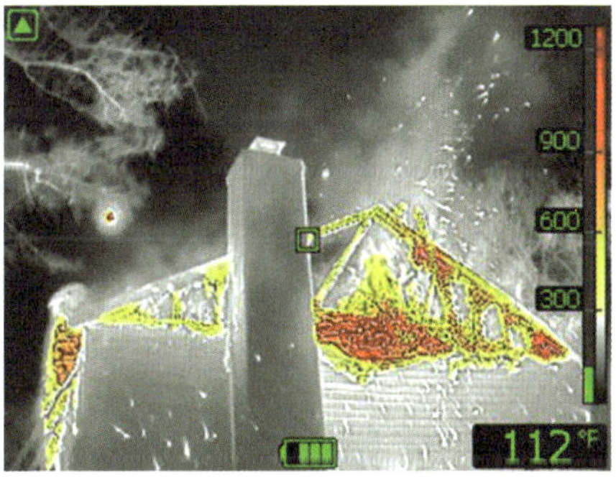

▲ 图3-25　判断火势蔓延方向

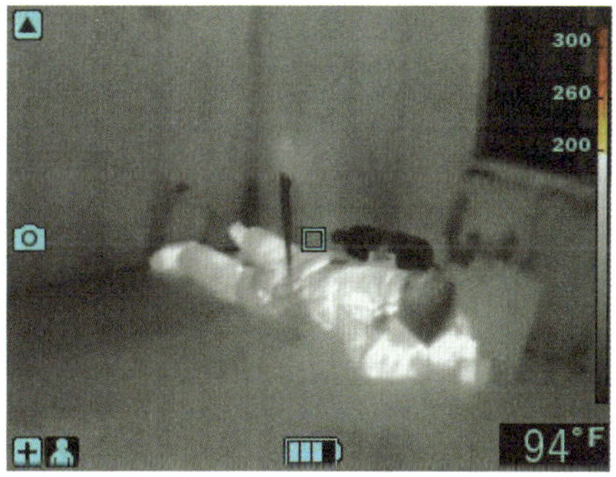

▲ 图3-26　发现被困人员

2.搜救被困人员

红外光可以穿透热烟雾，火灾现场被困人员与周围环境存在温度差，利用这一特点，红外热成像仪显示不同的温度分布图，如图3-26所示，可使消防员在浓烟情况下，清晰地发现被困人员，为救援赢得宝贵时间。研究数据表明，在同等热烟状况下的室内火灾现场，使用红外热成像仪进行搜救的时间，比未使用红外热成像仪进行搜救的时间减少70%～80%。

如果搜索小组只有一台热成像仪，通常由搜索小组组长持有热成像仪，以便于确定下列事项。

① 墙体、家具、走廊和门厅等的内部结构。

② 结构性破坏，如地板上的孔洞、坍塌区掉落的碎片等。

③ 与搜救行动有关的起火位置、火灾蔓延区域。

④ 利用热成像仪扫描搜索区域，寻找被困人员。

⑤ 进行房间搜索的小组消防员的位置。

当搜索小组组长拿着热成像仪前进时，组长应该与搜索小组消防员保持联系。如果搜索小组组长没有经过使用热成像仪的训练或是没有这方面的经验，将造成组长前进速度较快，很容易和小组分开。即使他们经过训练，在火场条件下很容易忘记搜索组的其他成员无法看清前方情况，无法和拿着热成像仪的人走得一样快。

随着搜索小组进入新的搜索区域，指挥员可以把热成像仪给小组成员，或者手持热成像仪扫视整个搜索区域，以便小组消防员可以观察搜索区域，在开展搜索行动前大致了解内部结构。

3.查看火场环境

由于高温浓烟火场内部能见度很低，没有热成像仪时，消防员只能摸索前进。热成像仪可以让消防员清晰地看到火场内部环境，例如：房间的结构、大小，家具的摆放，门窗的位置等，消防员可以快速确定搜索的位置和重点，遇到火势突变、遇险、被困等情况，可以快速寻找逃生出口和路线。

4.寻找隐秘火点

在建筑火灾现场，因为建筑存在许多隐蔽空间，例如天花板吊顶、保温墙壁空腔、电梯井、线缆井等，当这些位置发生火灾时，往往火点不易被发现，存在隐蔽燃烧和阴燃的情况，灭火后可能发生复燃，此时可利用红外热成像仪快速定位隐蔽火点，精准打击火点灭火。

5. 辅助射流

红外热成像仪能够看清建筑室内的热能分布，根据热成像的视野可以识别高温物体、积蓄的高温烟气、燃烧的火源等，以此将有限的灭火剂打在最需要降温的地方，提高灭火救援的效率，降低火场内部的水渍损失。

（二）救援应用

1. 交通事故救援应用

在交通事故救援中，尤其在黑夜中利用白热模式，可寻觅隐藏的物质泄漏，例如燃料、危化品等；可确定现场的范围和大小，包括涉及的车辆数量，在夜间或下雪、大雾等能见度低情况下的人员、车辆位置；另外，也可在能见度低的情况下确定救援人员位置，做好现场安全管控。

2. 野外搜救

由于热成像仪可以检测人体产生的热量，消防员能够使用热成像仪透过障碍物更快寻找到被困人员，热成像仪的搜救模式能够扩大在野外人体温度与周围温度的差异对比，因此野外搜索应选择搜救模式。

3. 确定泄漏位置

液化类或者高压类气体在气化或者泄漏时都会吸热，导致泄漏点位置温度急剧下降，低温的气体会冷凝周围空气中的水蒸气，产生大量水雾，造成周围视线模糊。另外，这种情况下消防员一般穿着重型防护装备，降低了听觉、视觉能力，此时，红外热成像仪可以透过水雾将泄漏点周围温度差显示在屏幕中，可以利用红外热成像仪快速寻找到阀门损坏、管道破裂或其他相关设备破损造成的隐蔽性泄漏的具体部位。

4.罐体液位检测

石油、化工等特殊灾害现场，因存放大量易燃物储罐而成为高危的事故救援场所。这类企业火灾中，储罐温度和液位的数据采集对指挥员决策显得尤为重要。肉眼不能直接看见石油化工产品及原料在储罐内的具体液位。但是，这些液体在罐内储存时，因储存的可燃液体热容量较空罐区域大，会出现一定的温度差，如图3-27所示，用热成像仪可以很方便判断储液罐液位，也可以对槽罐车、火场中的液化气钢瓶进行检测。

▲图3-27　罐体液位检测

五、使用局限

（一）红外线的反射、屏蔽

对于表面光滑的物体，比如玻璃、金属门、地面上的积水，附近环境或物体的红外能量会被光滑表面反射，使用热成像时可能看到红外线被反射的影像。一些较厚的物质，例如墙体、被子也会干扰、屏蔽红外线，导致物质在显示屏中显像不够清晰。被困人员所穿着较厚的衣物，或身体上覆盖的物品，会给消防员使用红外热成像仪搜索带来困难，消防员应通过在搜索房间内翻找，寻找被困人员。

（二）视野

人眼的可视范围大约为水平角度200°、垂直角度135°，而一般的热成像仪视野只有水平角度50°、垂直角度37.5°，这就导致红外热成像仪的视野只有人眼视野的1/4，狭小的角度令使用者错误判断观察中的空间或物体距离较近、体积较大，实际是距离较远或者体积较小的。

由于热成像仪的视野较小，消防员在利用热成像仪观察时，应按照一定的顺序和方向，将空间分为上部、中部、下部三个区域，分别从左到右进行观察，还要注意观察时热成像仪的移动速度不应过快。

（三）相对温度

人或物体在红外热成像仪的画面之中是变得光亮还是暗淡，取决于物体在环境中的相对温度，所以在搜救中，如果人身处火场，人体温度与火场相比是较低的，人体成像比较暗淡，如果人在户外，相对室外温度，人体温度较高，此时，人体成像是较为光亮的。

（四）温度测量

部分热成像仪可以读取现场的温度，并显示中央的标记点位置物质表面的温度。但由于红外热成像仪是从外部间接接收红外线并推算出相关物体表面温度的，这种非直接接触时的温度测量容易受到很多因素的影响，并不能作为准确的温度读数，只能作为参考使用，在测量温度时应注意以下方面。

1.测量距离

当红外线在空间中传播时，可能会被空间中的物质所影响，例如水蒸气、烟等，导致热量损失，建议热成像仪测量温度时，被测物体与仪器之间的距离不超过4m，测量的温度只是被测量物体表面的温度，并不等于物质的实际温度，距离较近时可以准确地得出物体的实际温度。所以，如果需要利用红外热成像仪测量温度，应在较近的距离测量。

2.测量角度

若被测物体与红外热成像仪不在同一个水平方向，则红外线的传播距离会增加，温度损失也较大，所以，测量物体温度时尽量与物体保持在同一个水平方向。

3.被测量物体的大小

若被测量物体较小，则热成像仪测量的该物体温度被周围物质温度干扰就越大，建议被测量物体在热成像仪显示屏中的显示应占至少三分之一画面。

4.环境因素

若现场环境充满大量水蒸气，或者红外热成像仪镜头有水汽、其他污染物质，都会减少热成像仪接收红外线能量的强度，在使用时应该避免有大量水蒸气的情况，并保持红外热成像仪镜头的清洁。

5.被测量物体的材料

光亮金属材料和其他材料相比，在相同温度之下发射的红外线能量会较少，导致温度读数会大幅降低，因此，热成像仪不能有效测量光亮金属物体发射的红外线能量。

六、注意事项

① 使用中要轻拿轻放，严防摔碰、挤压，注意防水、防腐蚀、防高温。

② 如在−15℃以下使用，仪器须在有暖气装置的室内先开机预热5min左右，然后再到现场使用。因为液晶装置在−15℃时就会冻结，不能正常工作。

③ 开机时，不可将红外热成像仪对准高温目标，使用中应尽量避免长时间直接观测燃烧或熔化的金属、熔化的玻璃、高压电弧和太阳等目标，以免热成像仪长时间受到照射而受损。

④ 仪器较长时间停止使用时，应将电池从仪器中取出，以免电池泄漏。仪器应轻拿轻放，储存在干燥通风的空间，避免潮湿、高

温环境存放。

⑤ 禁止使用易磨损的布料或任何有机溶剂对设备进行清洗。禁止使用高压水蒸气对仪器进行清洗，电池外壳或电池接触面上的任何受侵蚀或难以清除的污渍可以使用橡皮擦进行擦除。

⑥ 红外热成像仪是一种精密仪器，非专业技术人员和维修人员不得擅自拆卸。

第四章

佩戴空气呼吸器救人技术

在火场恶劣环境中，消防员佩戴空气呼吸器将被困人员救出是非常困难的。消防员传统救人方法主要包括背式、抱式、抬式、肩负式、架扶式救人等，由于空气呼吸器的影响，大部分传统救人方法在火灾现场难以采用，因此，出现了适合佩戴空气呼吸器时使用的拖拽救人方法，本章还介绍了沿楼梯、拉梯救人的方法。

第一节 传统救人方法

一、背式救人

此法通常用于较长距离的搬运，不适用于上肢骨折、呼吸困难或胸部创伤人员，下楼或下坡时不宜使用。消防员佩戴空气呼吸器时由于背部有气瓶，无法使用该方法救人。

背式救人的操作方法为，如图4-1所示，被困人员平躺在地面上，消防员侧卧在被困人员一侧，以消防员侧卧在被困人员左侧为例，消防员将右腿放入被困人员两腿之间，抓握被困人员右腿，使其脚踝压在消防员右腿的脚踝之上。

如图4-2所示，消防员用右手抓握被困人员右手腕，由外向内，拉至肩前，身体侧向平移，臂部紧贴其髋部。

消防员以左臂肘部为轴，右手用力牵拉被困人员右臂，同时右腿用力撩起被困人员右腿，向左旋转90°，如图4-3所示，使被困人员俯卧在消防员背上。

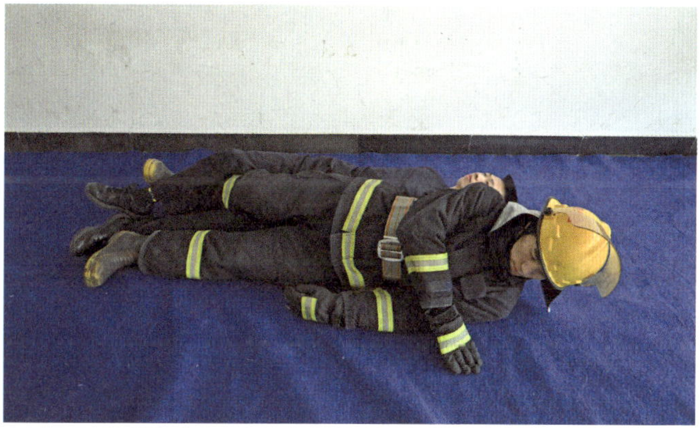

▲ 图4-1　消防员侧卧在被困人员一侧

▲ 图4-2　抓握被困人员手腕

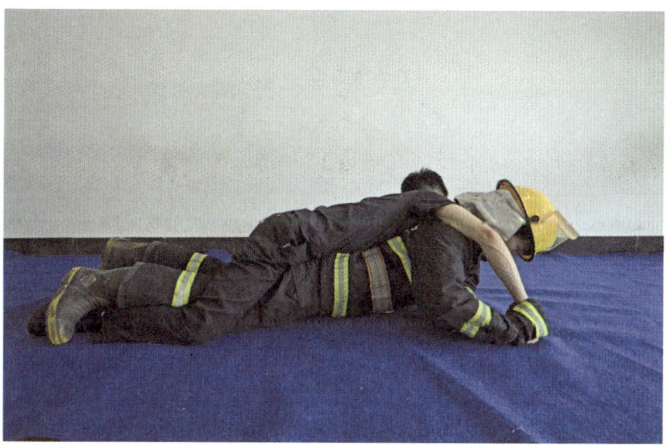

▲ 图4-3　被困人员俯卧在消防员背上

消防员以左臂支撑地面，两腿屈膝跪地，如图4-4所示。

▲ 图4-4　两腿屈膝跪地

消防员挺身而起，如图4-5所示，用双手抱住被困人员双腿，背负前行。

▲ 图4-5　背负前行

二、抱式救人

抱式救人适用于无骨折、伤势不重、体重较轻的人员。抱式救人体力消耗大，因此主要适用于老人、儿童，或者成人短距离的救援。抱式救人与空气呼吸器不冲突，消防员可以在佩戴空气呼吸器时采用。

抱式救人的操作如图4-6所示，消防员位于被困人员一侧，单膝跪于被困人员身旁，消防员双手抓握被困人员双肩，将被困人员上身拉起。

▲ 图4-6　将被困人员上身拉起

消防员用手抓握被困人员手腕，将被困人员手臂绕过消防员颈部，一只手臂从被困人员的腋下绕过其背部，环抱被困人员身体，另一只从被困人员膝盖下方穿过，如图4-7所示。若被困人员清醒，可双手环抱于消防员颈部。

▲ 图4-7　抱住被困人员

如图4-8所示，消防员保持单膝跪地，将被困人员从地面抱至大腿上。

▲ 图4-8　将被困人员抱至大腿上

消防员挺身起立将被困人员抱起，缓步前行，如图4-9所示。

▲ 图4-9　将被困人员抱起

三、抬式救人

抬式救人需要两名消防员，适用于无骨折、无严重损伤的伤员。

抬式救人时两名消防员分担被困人员重量，体力消耗较小，消防员佩戴空气呼吸器时常采用该方法救人。

抬式救人的操作方法为，两名消防员分别位于被困人员头部和脚部，单膝跪地，如图4-10所示，头部消防员扶被困人员坐起，将双臂从被困人员腋下穿过，抓紧被困人员一只手臂的前臂。

▲ 图4-10 抓紧被困人员前臂

脚部消防员位于被困人员脚部一侧，如图4-11所示，将被困人员两腿脚踝部位交叉重叠，用一只手臂抱住被困人员脚踝。

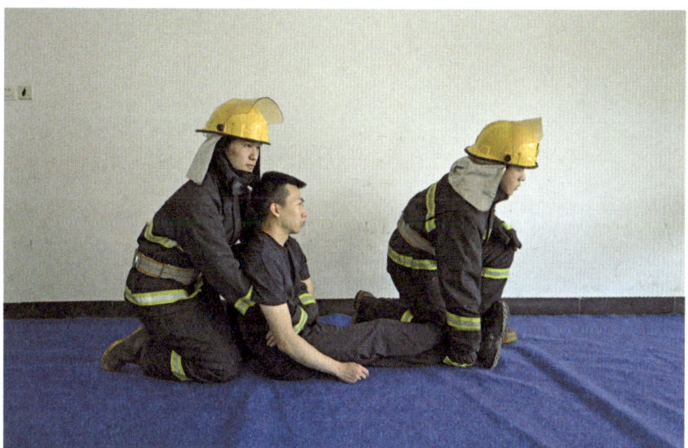

▲ 图4-11 抱住被困人员脚踝

如图4-12所示，两名消防员一同慢慢站起，缓步前行，脚部的消防员可以用另一只手摸索前进。

▲图4-12 抬式救人

四、肩负式救人

肩负式救人是消防员将被困人员扛在肩上的救人方法，消防员佩戴空气呼吸器时，气瓶对采用肩负式救人有很大的影响，在火场中较少采用。

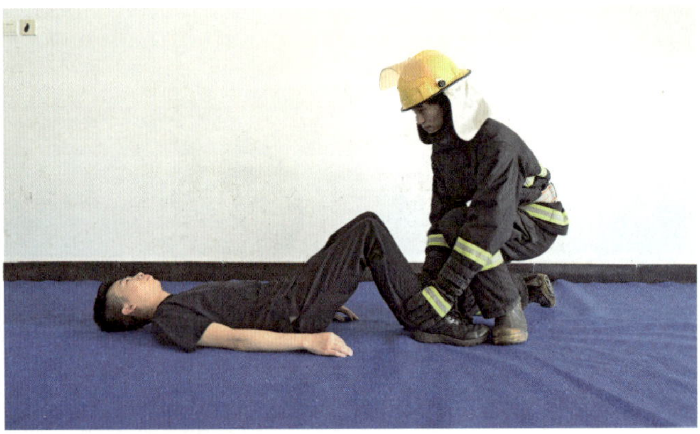

▲图4-13 将被困人员双腿弯曲

肩负式救人的操作方法为，如图4-13所示，消防员位于被困人员脚侧，单膝跪地，将被困人员双腿弯曲。

消防员双手拉住被困人员手腕，将被困人员上身拉起，如图4-14所示。

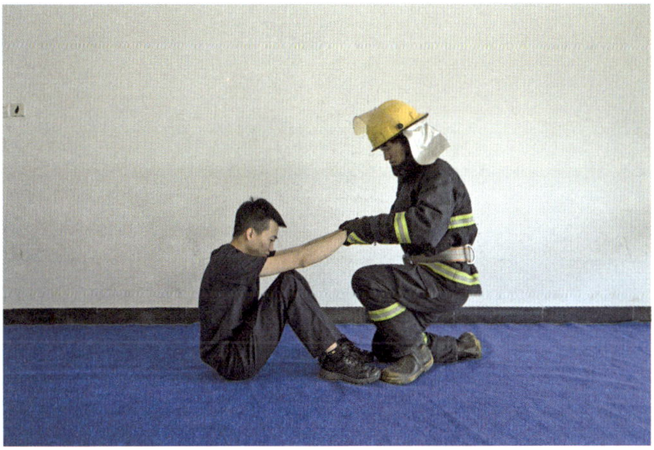

▲ 图4-14 将被困人员上身拉起

如图4-15所示，消防员站起，用脚抵住或踩住被困人员脚尖，将被困人员拉起。

▲ 图4-15 拉起被困人员

消防员左手握住被困人员右手手腕向前拉紧，弯腰用肩膀抵住被困人员腹部，如图4-16所示，右手从被困人员两腿之间穿过。

▲图4-16　右手从被困人员两腿之间穿过

消防员右臂抱住被困人员右大腿，右手抓握被困人员右手手腕，使被困人员的躯干绕过消防员颈背部，如图4-17所示。

▲图4-17　右手抓握被困人员右手手腕

如图4-18所示，消防员挺身起立，将被困人员扛在肩上，缓步前行。

▲图4-18 肩负式救人

五、架扶式救人

架扶式救人适用于伤势轻微并有行动能力的被困人员，该方法可以由一名或两名消防员实施，消防员佩戴空气呼吸器时也可以采用，该方法在灭火救援现场使用较多。

一名消防员架扶式救人的操作方法为，如图4-19所示，消防员

▲图4-19 一名消防员架扶式救人

位于被困人员一侧，将被困人员靠近消防员一侧的手臂抬起，绕过颈部，消防员抓握其手腕，另一只手臂绕过被困人员的腰部，使被困人员身体略靠于消防员，消防员架扶被困人员前行。

两名消防员架扶式救人的操作方法为，如图4-20所示，两名消防员分别站于被困人员两侧，将被困人员双臂搭于消防员肩上，消防员外侧手抓握被困人员手腕，内侧手由背后交叉扶持伤员腰部，两名消防员一同架扶被困人员前进。

▲ 图4-20　两名消防员架扶式救人

六、传统救人方法的局限性

传统救人方法主要适用于火场温度不高、烟气浓度较低、视野较好的情况，在浓烟、高温、环境复杂的火场，消防员佩戴空气呼吸器的情况下，传统救人方法具有很大的局限性。消防员佩戴空气呼吸器时背后有气瓶，无法采用背式救人，抱、抬、肩负等救人方法可以采用，但是身体为站立姿态，在浓烟、高温中视线受阻、危险性高，容易出现磕碰、坠落、迷失等，另外，抱、抬、肩负救人方法消防员体力消耗大，空气呼吸器气量消耗快，不利于将被困人员救出。相比传统救人方法的不足，当前比较好的火场救人方法为拖拽式救人，将被困人员拖拽救出，虽然传统救人方法在火场中应用有一定的局限，但消防员也需要熟练掌握，以应对灭火救援现场各种环境和条件。

第二节　拖拽救人方法

拖拽救人按救援消防员的人数分为单人拖拽、双人拖拽，按是否使用工具分为徒手拖拽、利用工具拖拽。

一、单人拖拽救人

（一）徒手拖拽

徒手拖拽是指消防员不借助工具对被困人员进行拖拽救援的方法。在现场情况严重时，消防员应抓住被困人员，快速将被困人员从危险的环境下脱离，在这种情况下，可以不用太在意抓被困人员身体的哪个部位，最关键的是抓住被困人员以最快的速度脱离危险环境。

在情况允许时，消防员可以拖拽被困人员腋下或胸部，腋下拖拽的方法如图4-21所示，消防员将手伸入被困人员腋下，向后拖拽。

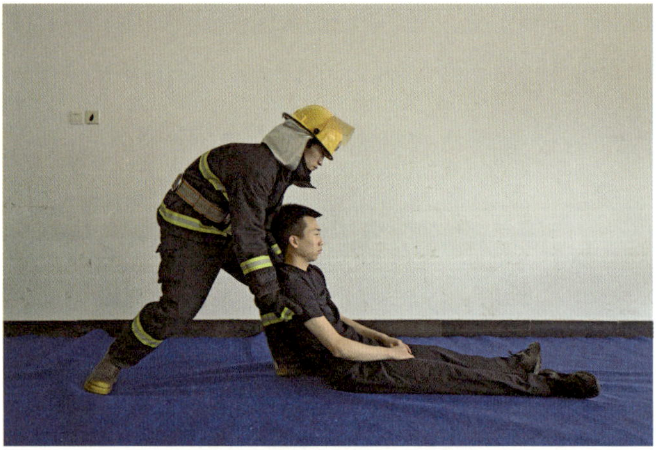

▲图4-21　消防员腋下拖拽救人

如图4-22所示，消防员也可以将手臂穿过被困人员腋下，在被困人员胸前一手抓握另一手腕，或者双手抓握被困人员一只手臂，向后拖拽。

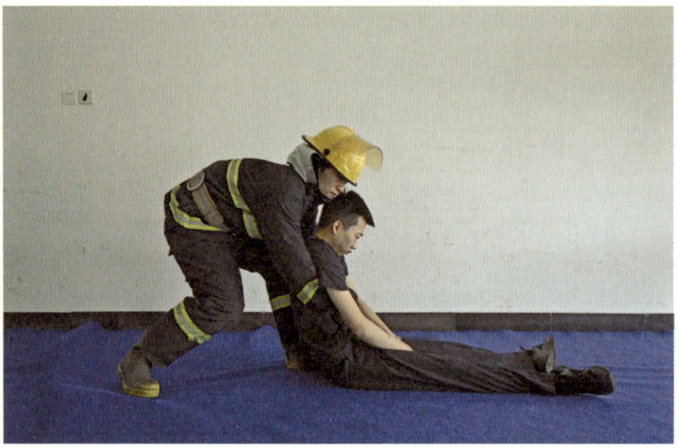

▲图4-22　消防员胸部拖拽救人

采用腋下或胸部拖拽救人时，有两个缺点，一是消防员身体姿势较高，容易受到高温、浓烟的侵害；二是消防员倒着前进，无法看到前进方向上的障碍物、孔洞等，容易出现碰撞、跌倒、坠落等危险。

（二）利用工具拖拽

在火场中，消防员可以利用床单、被罩、毛毯等物品拖拽被困人员，如图4-23所示，消防员用床单将被困人员包裹，在头部抓握床单进行拖拽。利用床单、被罩、毛毯拖拽救人与腋下、胸部拖拽救人类似，存在身体姿势高、倒着前进等缺点。

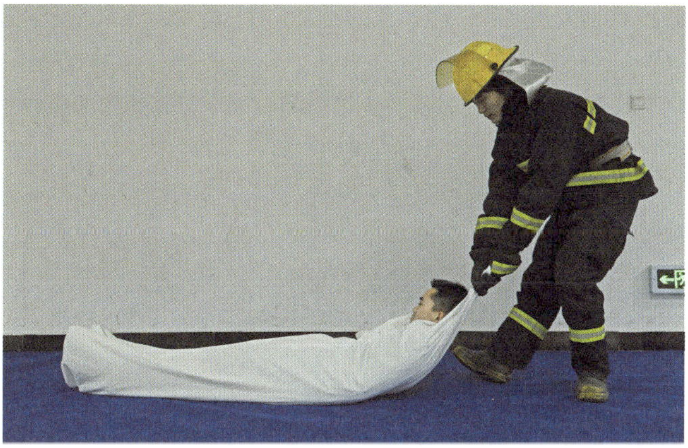

▲ 图4-23　利用床单拖拽救人

比较好的利用工具拖拽的方法是利用扁带进行拖拽，在没有扁带时，也可以利用短绳拖拽，相比于短绳，扁带更容易携带，同时扁带是扁平的，拖拽时对被困人员身体捆绑部位的压强更小，有利于减轻拖拽时被困人员的痛苦。

在进行拖拽的时候，最好用扁带圈或者进入火场前通过打结把扁带做成扁带圈，也可以在找到被困人员后，利用单根的扁带制作扁带圈，但在视线差的火场会浪费较多时间。利用扁带拖拽被困人员的方法较多，每种方法需要的扁带圈长度不一，消防员可以按照自己擅长的方法，准备合适的扁带圈。

利用扁带拖拽被困人员附着的第一种方法，消防员位于被困人员头部，将被困人员上半身推起，如图4-24所示。

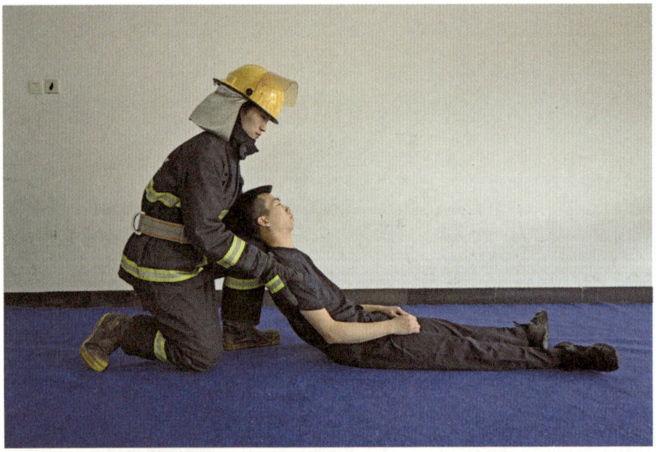

▲图4-24　将被困人员上半身推起

如图4-25所示，消防员将扁带圈先套过被困人员一只手臂。

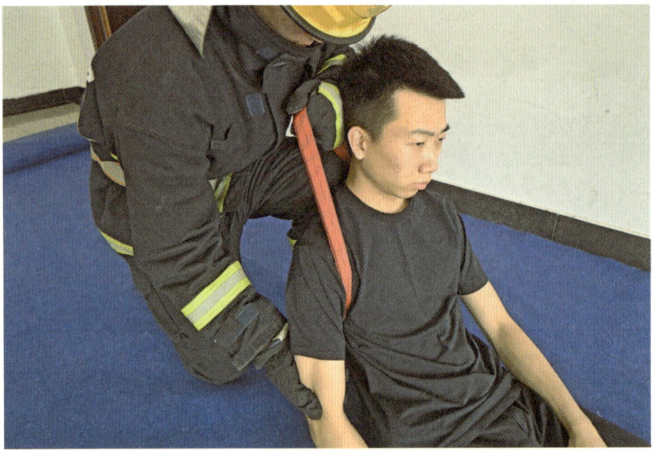

▲图4-25　扁带圈套过一只手臂

消防员再将扁带圈套过头和另一只手臂，并置于被困人员腋下，如图4-26所示。

消防员抓握被困人员背后的扁带，将被困人员放倒，使被困人员头部略高于地面，如图4-27所示，消防员身体向前，保持低姿，利用一只手向前拖拽被困人员，另一只手位于身体前面，可以进行摸索。

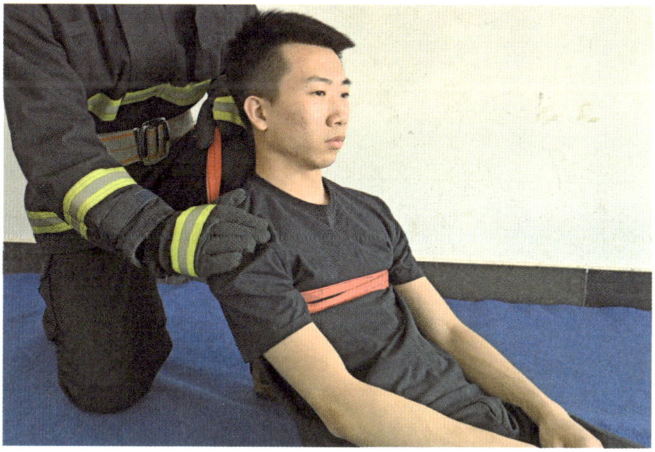

▲图4-26　将扁带圈套过头部和手臂

▲图4-27　拖拽被困人员

利用扁带拖拽被困人员附着的第二种方法，消防员位于被困人员身后，如图4-28所示，将扁带圈由后向前从被困人员腋下穿过。

消防员将扁带圈绕过被困人员胸前，再从另一侧腋下穿过至被困人员背后，如图4-29所示。

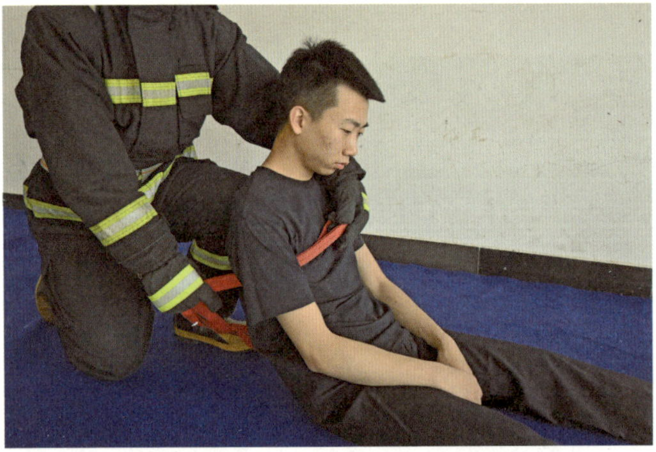

▲图4-28　从腋下穿过扁带圈

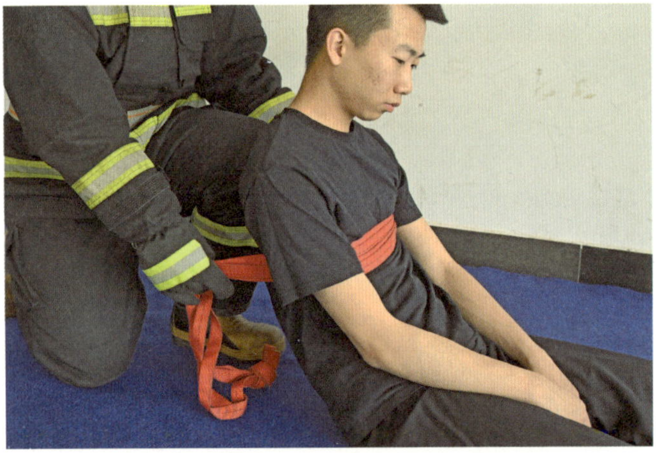

▲图4-29　扁带圈绕过被困人员胸前

如图4-30所示，消防员抓握被困人员背后的扁带圈，将被困人员放倒，按照第一种拖拽的方法拖拽被困人员。

利用扁带拖拽被困人员附着的第三种方法是在第二种附着方法的基础上，消防员可以将一侧扁带穿过另一侧扁带，如图4-31所示，消防员抓握一侧扁带进行拖拽。

▲ 图4-30　抓握扁带圈拖拽

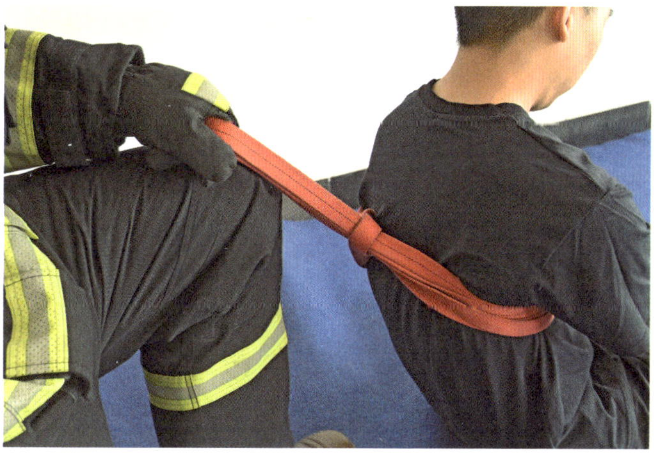

▲ 图4-31　抓握一侧扁带拖拽

利用扁带拖拽被困人员附着的第四种方法，与第一种方法一样，消防员位于被困人员头部，将被困人员上半身推起，将扁带圈先套过一只手臂，再套过头和另一只手臂，将扁带圈置于被困人员腋下，如图4-32所示。

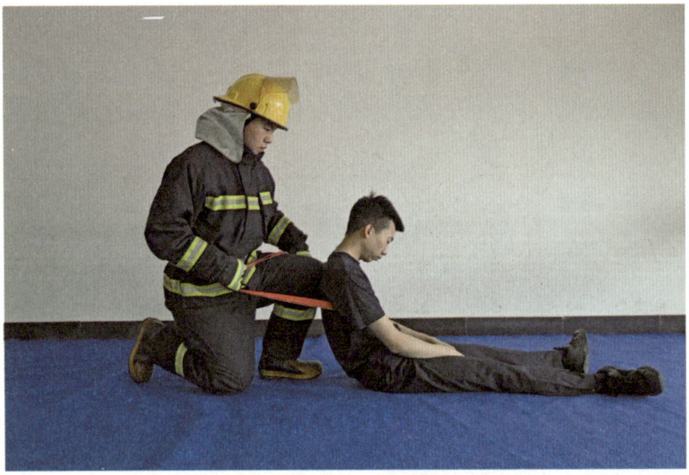

▲ 图4-32　扁带圈置于被困人员腋下

如图4-33所示，消防员将被困人员胸前的扁带提起，拉到头后。

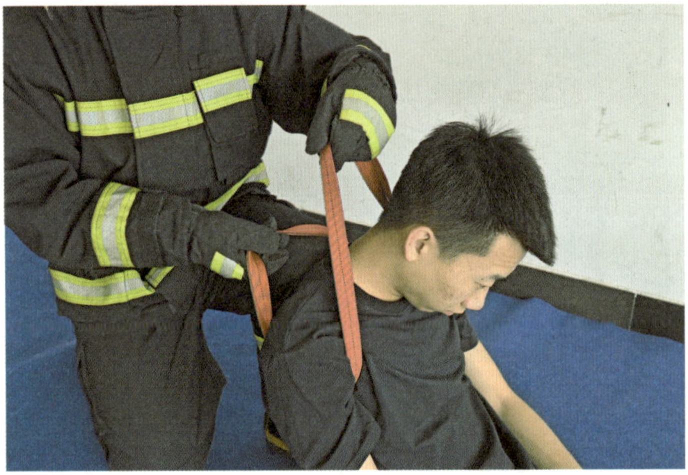

▲ 图4-33　将扁带拉到头后

消防员把背后的扁带提起，从前面的扁带中间穿过，并拉紧，如图4-34所示。

如图4-35所示，消防员抓握扁带，向前拖拽被困人员。

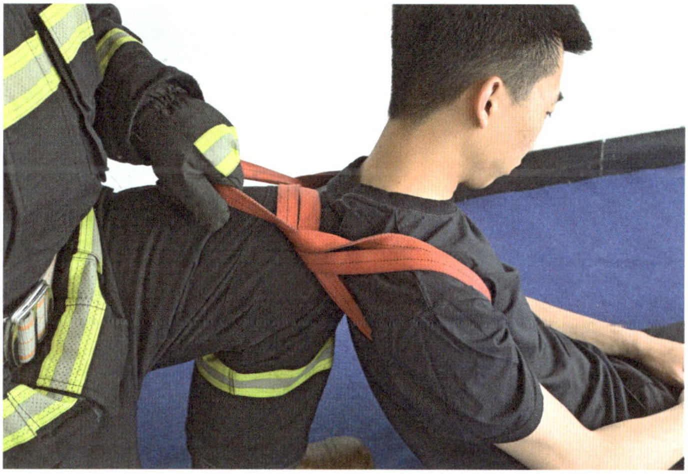

▲ 图4-34　背后的扁带穿过前面的扁带

▲ 图4-35　拖拽被困人员

消防员还可以利用扁带制作手铐结，拖拽被困人员。手铐结的制作方法为，制作两个绳圈，将两个绳圈内侧的绳索从另一个绳圈中穿过，如图4-36所示。

▲ 图4-36　手铐结的制作方法

消防员利用扁带制作好手铐

结后，将手铐结套住被困人员双手的手腕，并拉手铐结两侧的扁带将其收紧，如图4-37所示。

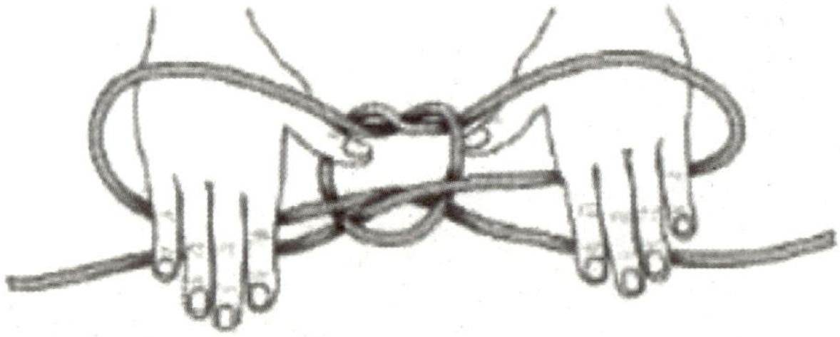

▲ 图4-37　套住被困人员手腕

如图4-38所示，消防员利用手铐结向前拖拽被困人员，并注意保护被困人员头部。

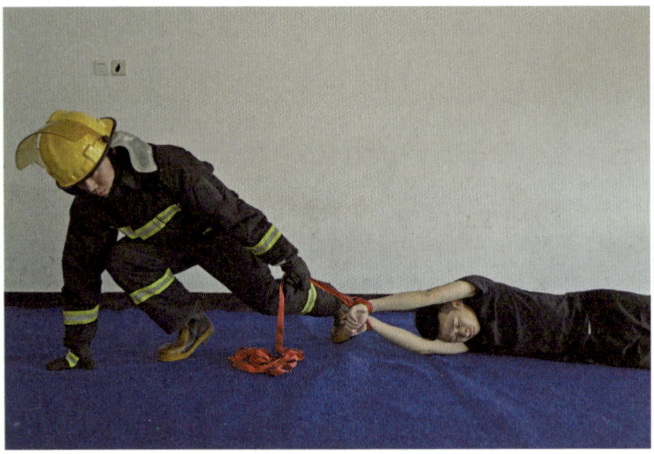

▲ 图4-38　拖拽被困人员

以上是利用扁带拖拽被困人员的方法，扁带附着被困人员的方法较多，与其他救援方法相比，利用扁带进行拖拽的优势是消防员可以低姿前进，减少高温、浓烟的不利影响，同时视线更好。另外，消防员拖拽时身体是向前的，可以更好地观察周围的情况，消防员还可以用一只手在前面摸索，确认前方的情况。与背、抱、肩负等救人方法相比，拖拽救人克服的是摩擦力，其他救人方式需要克服重力，通常情况下摩擦力比重力小得多，消防员体力消耗低，可以用于长距离、复杂火场的人员救援。消防员在进行拖拽救人时，应注意利用腿部、腰部等身体部位发力，避免只用手臂发力。

二、双人拖拽救人

（一）徒手拖拽

当两名消防员救援一名被困者时，可以采用双人拖拽救人的方法进行救援，与单人拖拽相比，双人拖拽消防员可以更加节省体力，救援速度也更快。

当被困人员穿着厚外套时，消防员可以通过抓被困人员衣领拖拽。如图4-39所示，两名消防员位于被困人员肩部两侧，分别用靠

▲ 图4-39　拖拽被困人员衣领

近被困人员的手抓握被困人员衣领，保持其头部稍高于地面，低姿拖拽被困者。

消防员也可以拖拽被困人员腋下，如图4-40所示，两名消防员位于被困人员肩部两侧，分别用靠近被困人员的手从上向下穿过被困人员腋下，使被困人员头部略高于地面，保持低姿向前拖拽被困人员。

▲ 图4-40　拖拽被困人员腋下

（二）利用工具拖拽

与单人拖拽一样，两名消防员也可以借助扁带、绳索等拖拽被困人员。

双人利用扁带拖拽第一种方法，消防员将被困人员上半身推起，将扁带圈由后向前从被困人员腋下穿过，绕过胸前，再从另一侧腋下穿过，将一侧扁带穿过另一侧扁带，如图4-41所示，两名消防员分别用一只手抓握扁带。

▲ 图4-41　两名消防员抓握扁带

如图4-42所示，两名消防员位于被困人员两侧，合力利用扁带拖拽被困人员。

▲ 图4-42　两名消防员抓握扁带拖拽

两名消防员也可以按照单人扁带拖拽被困人员第四种方法，消防员将扁带圈套到被困人员腋下，提起被困人员胸前的扁带，拉到头后，把背后的扁带提起，从前面的扁带中间穿过并拉紧，如图4-43所示，两名消防员分别抓握左右两侧的扁带，拖拽被困人员。

▲图4-43　两名消防员拖拽

两名消防员也可以利用手铐结拖拽被困人员，利用扁带制作好手铐结，将手铐结套到被困人员手腕，收紧手铐结，如图4-44所示，两名消防员分别抓握一根扁带，拖拽被困人员。

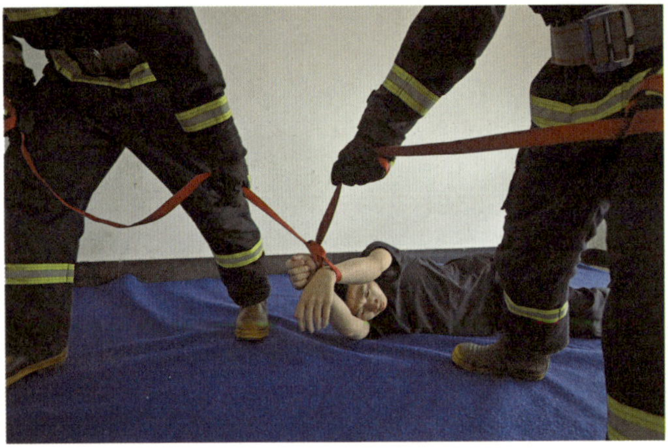

▲图4-44　利用手铐结拖拽被困人员

当被困人员体重过大，或者通道狭窄两名消防员无法并排拖拽时，可以采用前拉后推的方式救援被困人员。具体的操作方法为，两名消防员分别位于被困人员的头部和脚部，头部的消防员将被困人员推起，按照单人扁带拖拽的方法，利用扁带附着好被困人员，做好拖拽准备，脚部消防员双膝跪地，将被困者的腿抬起，置于肩上，一只手抱住被困者的大腿根部，用肩膀向前推被困者的大腿，如图4-45所示，两名消防员前拉后推，相互配合，协调一致救援被困人员。

▲ 图4-45 前拉后推救援被困人员

在前拉后推拖拽被困人员过程中，最好由一名消防员下口令，统一两名消防员的动作，另外，后面消防员还要注意在推被困者时，必须推被困者大腿根部，避免推的位置过高，使被困者因腿部弯曲无法达到前推的效果。

第三节 楼梯救人方法

消防员不仅需要在平面上救援被困人员，遇到楼梯时，还需要救援被困人员通过楼梯，楼梯分为宽楼梯和窄楼梯，救援方向有向上救援和向下救援，与平面救人相比，楼梯救人的难度成倍增加。

一、窄楼梯救人方法

窄楼梯是指两消防员无法同时位于被困者的两侧，救援空间不足的楼梯，最多两名消防员前后实施对被困人员的救援。窄楼梯多见于工业建筑、厂房、别墅、复式住宅、自建房内的楼梯。由于窄楼梯宽度小无法并排救援、坡度大、楼梯转弯空间小、木结构窄楼梯易坍塌等原因，窄楼梯救援尤其是向上救援，难度比宽楼梯要大很多。消防员可以采用抬的方法，实施窄楼梯救援。

（一）向下救援

沿窄楼梯向下救援时，如图4-46所示，抬脚的消防员位于前面，将被困人员两腿交叉，用一只手臂抱住被困人员脚踝或小腿，另一名消防员位于后面，将被困人员上半身推起，双手抓握被困人员一只胳膊的前臂或腋下，做好准备。

▲ 图4-46　做好抬的准备

如图4-47所示，两人合力将被困人员抬起，沿楼梯向下救援，操作中需要注意后面的消防员承担被困人员大部分重量，而且无法扶护栏，在走楼梯和转弯的过程中，前面的消防员应控制速度，避免因速度过快造成危险。

▲ 图4-47　窄楼梯抬被困者向下救援

在窄楼梯向下救援时，也可以采用被困人员沿楼梯下滑的方式救援，具体的操作方法为，在楼梯顶部，如图4-48所示，消防员按

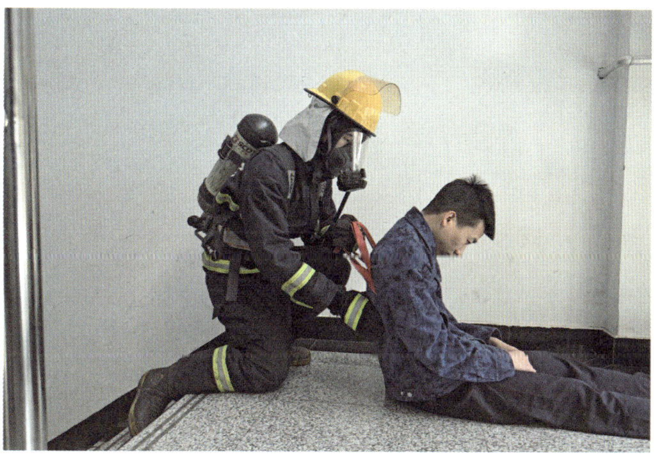

▲ 图4-48　利用扁带圈附着被困人员

照拖拽的要求在被困人员身体上附着扁带圈，没有扁带、绳索时，消防员可以拖拽被困人员腋下。

如图4-49所示，消防员将被困人员慢慢沿楼梯向下拉，为了进一步控制被困人员在楼梯上的下滑速度，消防员在每次拉动被困人员时，可以用较高的腿抵住被困人员，以控制被困人员的下滑，同时用较低的腿检查向下的每一级台阶，以确保安全。在被困人员沿楼梯下滑时，消防员要特别注意保护被困人员的头部，不要让头部与楼梯、护栏磕碰。如果有第二名消防员，第二名消防员可以位于拖拽被困人员的消防员下面，引导第一名消防员。

▲图4-49 拖拽被困人员向下救援

（二）向上救援

在窄楼梯向上救援时，如果被困人员体重较轻，可以采用与向下救援相同的方式进行救援，如图4-50所示，抬脚的消防员位于前面，抬上半身的消防员在后面，两人合力将被困人员抬起，沿楼梯向上救援。

▲ 图4-50　窄楼梯抬被困者向上救援

被困人员窄楼梯向上救援时，还可以采用一名消防员提上身，另一名消防员提膝盖的方式。具体的操作方法为，在楼梯底部，两名消防员分别位于被困人员头部和脚部，头部的消防员背向向上的楼梯，脚部的消防员面向楼梯，头部消防员将被困人员上半身推起，有扁带、绳索的情况下，可以利用扁带、绳索按照拖拽救人的方式附着被困人员，抓握扁带、绳索，没有扁带、绳索时，可以抓握被困人员腋下或胸部，在脚部的消防员分开被困人员的双腿，并抓住其膝盖下面。

两名消防员合力将被困人员提起运上楼梯，如果体力允许，可以将被困人员连续向上搬运，如果被困人员体重过大，可以由一名消防员下口令，分段或沿楼梯逐级将被困人员向上搬运，中间可以进行休息、调整，直到楼梯顶端。在救援中，尤其要注意一名消防员下口令，两名消防员统一动作，协调一致，相互配合，避免只有一名消防员发力上提。

二、宽楼梯救人方法

相比于窄楼梯，宽楼梯更为常见，广泛存在于商业建筑、工业建筑、办公楼、住宅、会议中心和高层建筑等场所，楼梯宽度通常在90cm以上。在宽楼梯上救援被困人员最明显的优势是三名或四名消防员可以参与救援，而窄楼梯救援将消防员限制在最多两名，因此，在宽楼梯上救援被困人员要比窄楼梯上救援更容易一些。

被困人员救援时，与窄楼梯相比，宽楼梯救援具有以下优势：

① 宽楼梯通常允许救援人员位于被困人员两侧，有利于救援人员提拉住被困人员。

② 宽楼梯一般为钢筋混凝土结构，通常比较牢固安全。

③ 通常宽楼梯倾斜角度较小，不会像窄楼梯那样陡峭，因此，向上救援会比较容易，向下拖拽也比较容易受控制。

④ 通常情况下，宽楼梯扶手、护栏焊接牢固，救援人员可以扶着护栏实施救援。

在宽楼梯救援时，如果实施救援的消防员数量为一人或两人，可以采用窄楼梯救援的方法对被困人员实施救援。

（一）向下救援

宽楼梯向下救援时，如果有三名消防员，如图4-51所示，被困人员脚部朝向楼梯下方，一名消防员在前，抬被困人员腿部，两名消防员位于被困人员肩部两侧，分别抓握被困人员腋下，三人合力，将被困人员向下搬运。消防员也可以利用扁带，采用拖拽救人对被困人员附着的方法，后面的两名消防员抓握扁带，提起被困人员向下救援。

▲ 图4-51　宽楼梯三名消防员向下救援

向下救援被困人员时，如果有四名消防员，与三名消防员救援相比，如图4-52所示，腿部增加一名消防员，两名消防员在被困人员腿部两侧，分别抓握被困人员膝盖下面实施救援。

▲ 图4-52　宽楼梯四名消防员向下救援

（二）向上救援

宽楼梯向上救援，实施救援的消防员人数为三人时，被困人员背向向上的楼梯，三名消防员面向向上的楼梯，如图4-53所示，两名消防员位于被困人员肩部两侧，分别抓握被困人员腋下，或用手臂穿过被困人员腋下，一名消防员位于被困人员腿部，分开被困人员双腿，抓住膝盖下面，三人合力，将被困人员向上搬运。

▲图4-53　宽楼梯三名消防员向上救援

宽楼梯四名消防员向上救援时，如图4-54所示，肩部的消防员与三人救援时操作一样，另外两名消防员分别抓握被困人员腿部，四名消防员动作一致，将被困人员向上救援。

▲图4-54　宽楼梯四名消防员向上救援

向上救援时也可以利用扁带，附着被困人员，如图4-55所示，两名肩部的消防员抓握扁带，向上救援被困人员。

▲ 图4-55　利用扁带向上救援

第四节　利用拉梯救人方法

与沿楼梯、利用举高平台车救人相比，利用拉梯救人危险性较高，如果可以选择前两种救人途径，应选择前两种途径救人。必须采用拉梯救人时，建筑物内救人的消防员应及时与指挥员沟通，确定被困人员救出的窗口，架设好拉梯。利用拉梯救人分为有行动能力人员救援、无行动能力人员救援、拉梯与绳索联用救援等。

一、有行动能力人员救援

沿拉梯救人时，如果被困人员有行动能力，身体、心理条件较好，可以让被困人员自己沿拉梯下降至地面。如果被困人员有行动能力，但身体、心理条件较差，无法独自沿消防梯下降，可以采用消防员伴随下降的方式。具体的操作方法为，在被困人员救出的窗口，将拉梯架设牢固，拉梯高于窗台至少两个梯磴，有消防员在拉梯底部固定消防梯，如图4-56所示，一名救人的消防员从窗口下降至拉梯，也可以地面的消防员沿拉梯攀登至窗口外。

▲图4-56　一名消防员下降至拉梯

被困人员在窗口内消防员和梯子上消防员的保护下站上拉梯，如图4-57所示，拉梯上的消防员调整位置，双手抓握梯磴，手臂伸直大致位于被困人员腰部。

消防员手臂保持在被困人员腰部，如图4-58所示，手抓握梯磴，交替移动，引导被困人员，共同逐级沿拉梯下降至地面，沿拉梯下降过程中，消防员要注意控制下梯速度，避免与被困人员拉开距离，从而失去对被困人员的保护。

▲ 图4-57 被困人员站上拉梯

▲ 图4-58 保护被困人员沿拉梯下降

二、无行动能力人员救援

当被困人员有行动能力时，沿拉梯救人相对比较简单，如果被困人员无行动能力，沿拉梯进行救援难度很高，应慎重采用。沿拉梯救援无行动能力被困人员时，具体的操作方法为，在被困人员救出的窗口架设拉梯，拉梯顶端与窗台平齐或略低于窗台，至少有一名消防员在拉梯底部固定拉梯，如果救援被困人员的消防员有三名以上，可以一名消防员从窗口站上拉梯，双手抓握梯梁，或者地面的消防员爬梯至窗口。如果救援被困人员的消防员只有一名，最好一名地面的消防员通过拉梯进入窗口，与窗口内的消防员共同救援被困人员，另一名地面的消防员沿拉梯攀登至窗口。

消防员将被困人员调整为脚部朝向窗口，两名消防员位于被困人员两侧将被困人员抬上窗台。

窗口消防员与拉梯上的消防员相互配合，将被困人员的腿放在拉梯上消防员的两侧肩膀上，如图4-59所示，把被困人员从窗台上移动至拉梯上，在这一过程中，拉梯上的消防员两手要紧紧抓住两侧梯梁，不可以松开，否则可能会导致消防员和被困人员从拉梯上跌落。

▲ 图4-59　将被困人员移至拉梯

拉梯上的消防员向下救援被困人员，由于只有一名消防员对被困人员进行救援，而且是在竖直、狭窄的拉梯上，如果动作不当很容易导致两人坠落，造成严重后果，消防员应始终抓住梯梁，身体挺直，避免向后倾斜，控制向下的速度，一只脚先踩下一个梯磴，另一只脚再踩该梯磴，每次只移动一个梯磴的距离，如此向下移动。如果消防员需要调整，消防员应该先停止移动，抓紧梯梁，身体靠近拉梯，使被困人员稳定在拉梯上，消防员再进行调整。消防员到达地面后，其他消防员将被困人员移至安全区域。

沿拉梯救援无行动能力的被困人员危险性高、实施难度大，如果有其他救援途径，应尽可能选择其他途径，必须采用时，应注意拉梯架设高度与窗台平齐，消防员应接受过该科目的训练，向下移动时，控制速度，每次移动一个梯磴，双手始终抓握两侧梯梁。窗口内的消防员可以利用扁带、绳索捆绑被困人员，在被困人员沿拉梯下降的过程中下放扁带或绳索，实施保护。

三、拉梯与绳索联用救援

除了沿拉梯救援被困人员外，还可以利用绳索和拉梯联用救援被困人员，该方法需要准备一根直径11mm以上的长绳，具体的方法为，地面至少两名消防员，如图4-60所示，地面消防员将拉梯架设于被困人员救出的窗口，梯顶要超出窗台四个梯磴以上，以便于被困人员出窗。

消防员打开并整理好绳索，如图4-61所示，利用绳索一端制作三套腰结，三套腰结应足够大，用于附着被困人员。

▲图4-60　架设拉梯

▲图4-61　制作三套腰结

消防员将三套腰结绕过拉梯底部第一梯磴，如图4-62所示，携带三套腰结，攀登拉梯，另一名消防员固定拉梯。

▲ 图4-62　攀登拉梯

如图4-63所示，消防员攀登至窗口位置，将三套腰结绕过最上面的梯磴，进入窗口。

▲ 图4-63　绳索绕过最上面梯磴

窗口内的消防员将三套腰结的大绳圈套于被困人员腋下，两个小绳圈套于被困人员膝关节，如图4-64所示，将被困人员抬至窗台上。

▲ 图4-64　将被困人员抬至窗台上

如图4-65所示，地面消防员用脚踩住第一梯磴，将绳索从肩膀绕至另一侧腋下，用手抓握绳索，将绳索收紧。

▲ 图4-65　地面消防员收紧绳索

窗口消防员将拉梯推离窗口，如图4-66所示，保护被困人员移出窗口，使被困人员重量完全由绳索承担。

如图4-67所示，窗口消防员保持将拉梯推离窗口，地面消防员缓慢释放绳索，将被困人员下放至地面。

▲ 图4-66　将拉梯推离窗口

▲ 图4-67　下放被困人员

利用拉梯与绳索联用救援被困人员时应注意制作的三套腰结大小合适，三套腰结太大不利于被困人员移出窗口，太小则无法附着被困人员，三套腰结中的大圈要比小圈长10～15cm。救出时一定要将大圈套于被困人员腋下，两个小圈分别套于膝关节，消防员应注意观察绳圈的位置，出现偏移及时调整。由于救出过程中，力量全部由拉梯底部消防员承担，消防员一定要控制下降速度，避免出现被困人员下放失控。

第五章

佩戴空气呼吸器自救技术

消防员在内攻过程中，由于种种原因，会发生缠绕、迷失、被困、空气呼吸器耗尽等不利情况，一方面消防员应第一时间呼救，另一方面应采取合理措施进行自救。消防员解除缠绕、通过狭小空间都需要掌握空气呼吸器不间断供气脱除与佩戴技术。消防员佩戴空气呼吸器沿水带、绳索、拉梯下滑操作难度增加，操作方式也需要进行适当调整。延时呼吸技术是消防员必须掌握的危险情况下延长空气呼吸器使用时间的方法，为消防员自救提供了新的思路，也可以应用于通常情况下佩戴空气呼吸器的呼吸。

第一节　缠绕解除技术

缠绕事故是指消防员被各种线缆、管线、织物缠绕无法行动导致的事故。导致缠绕事故发生的物体包括：电视线、网线、电线、电话线、窗帘、衣架等。

一、普通缠绕事故

普通缠绕事故是指一位缠绕被困的消防员，只需要改变身体位置、方向，或者用手移开缠绕的物体就能成功解除的事故。如果消防员被缠绕且无法移动时，不应继续前行试图摆脱缠绕，这样做会使缠绕更紧，甚至导致电器、货架、家具倒塌。

被缠绕的消防员可以通过后退、改变身体方向的方法解除缠绕。首先告知同伴自己被缠绕，后退一定距离释放线缆缠绕的力量，根据需要向左或向右旋转身体，旋转方向后，再次后退一段距离，以解除缠绕。

二、严重缠绕事故

严重缠绕事故是指被缠绕的消防员无法通过改变身体位置、方向解除缠绕，需要通过剪切线缆、同伴救援或救援小组救援等方式解除缠绕。

（一）剪切线缆救援

消防员可以通过携带剪线钳（图5-1）、刀具，在缠绕事故中剪切缠绕自己或同伴的线缆，完成自救或救援。消防员应注意剪切工具在身上的放置位置，当消防员穿着灭火防护服、佩戴空气呼吸器、躺着或者跪着被缠绕的时候，应当能够很容易地拿到这些工具。同时应注意这些工具的质量和功能，只有好的工具才能在危急时刻发挥应有的作用。如果被缠绕消防员能够通过工具剪切并释放开线缆，那么生存的机会就会增加。

▲图5-1　剪线钳

（二）移除空气呼吸器解除缠绕

对于一名被缠绕的消防员，可以通过移除空气呼吸器来解除缠绕。

1.爬行过程中移除空气呼吸器

① 如图5-2所示，被缠绕消防员向空气呼吸器中压导管一侧侧卧，以便于移除空气呼吸器。

▲图5-2 向空气呼吸器中压导管一侧侧卧

② 消防员放松并移除上方肩带，放松并解开腰带，如图5-3所示。

▲图5-3 移除上方肩带、解开腰带

③ 如图5-4所示，消防员从背部卸下空气呼吸器主体，但仍需戴着面罩保证正常呼吸。

▲图5-4　卸下空气呼吸器主体

④ 消防员移除空气呼吸器上的缠绕物体。

⑤ 消防员将空气呼吸器重新佩戴，或者收拢空气呼吸器的背带、腰带，为避免二次缠绕，如图5-5所示，将空气呼吸器置于头顶前面或一侧手臂下，向前移动空气呼吸器。

▲图5-5　将空气呼吸器置于头顶前面

⑥ 通过缠绕区域后，根据火势、现场情况，如图5-6所示，消防员重新佩戴空气呼吸器。

▲ 图5-6　重新佩戴空气呼吸器

2.跪着或站着时移除空气呼吸器

① 消防员放松并解开空气呼吸器腰带。

② 如图5-7所示，消防员放松并移除空气呼吸器没有中压导管一侧的肩带。

▲ 图5-7　放松并移除肩带

③ 消防员摘下空气呼吸器另一侧肩带，如图5-8所示，将空气呼吸器置于地面，但仍需戴着面罩保持呼吸。

▲ 图5-8　空气呼吸器置于地面

④ 消防员移除空气呼吸器上的缠绕物体。

⑤ 消防员将空气呼吸器重新佩戴，或者收拢空气呼吸器的背带、腰带，为避免二次缠绕，如图5-9所示，将空气呼吸器置于一侧手臂下，向前移动。

▲ 图5-9　将空气呼吸器置于一侧手臂下

⑥ 通过缠绕区域后，根据火势、现场情况，消防员重新佩戴空气呼吸器，如图5-10所示。

▲图5-10　重新佩戴空气呼吸器

第二节　通过狭小空间技术

消防员在自救逃生过程中，可能会遇到狭小空间，消防员需要掌握佩戴空气呼吸器通过狭小空间的技术。火灾现场狭小空间的形成主要有三种方式，第一种是建筑内原本存在的，如：家具、货架、设备形成的狭小空间；第二种是着火后导致的坍塌、倾倒形成的狭小空间；第三种是消防员为逃生破拆形成的，比如通过破拆轻质墙体创造的狭小的逃生通道。

通常情况下，消防员可以采用爬行、匍匐前进、侧身等方式通过狭小空间，如果面对的狭小空间过小，无法利用以上方式通过，则可以考虑在保持空气呼吸器不间断供气的情况下，采用脱除一侧肩带法或脱除空气呼吸器主体法通过。下面以空气呼吸器中压导管在左侧为例，阐述两种方法。

一、脱除一侧肩带法

该方法适用于宽度较小、高度较高，在脱除空气呼吸器主体后消防员可以侧身通过的狭小空间。具体操作方法为，消防员在遇到狭小空间后，首先评估狭小空间的形状和大小，适合采用脱除一侧肩带法时，如图5-11所示，松开空气呼吸器腰带，最大限度放松两侧肩带，脱除右侧的肩带。如果空气呼吸器中压导管在右侧，则脱除左侧的肩带。

▲图5-11　脱除右侧肩带

使空气呼吸器靠近身体左侧，整理肩带、腰带于空气呼吸器背托与身体之间。如图5-12所示，消防员将空气呼吸器置于左手臂下，左手握住空气呼吸器底部。

▲图5-12　空气呼吸器置于左手臂下

如图5-13所示，消防员右手、右脚向前探索，侧身通过狭小空间。

▲图5-13　侧身通过狭小空间

通过狭小空间后，消防员右臂穿过空气呼吸器肩带，扣好腰带，收紧肩带、腰带，重新佩戴好空气呼吸器，如图5-14所示。

二、脱除空气呼吸器主体法

该方法适用于高度较低，在脱除空气呼吸器主体后人员可以爬

▲ 图5-14　重新佩戴好空气呼吸器

行通过的狭小空间。具体操作方法为，消防员在遇到狭小空间后，首先评估狭小空间的形状和大小，适合采用脱除空气呼吸器主体法时，如图5-15所示，身体向左侧卧，松开空气呼吸器腰带，放松肩带至最大限度，将右臂脱出肩带。如果空气呼吸器中压导管在右侧，则消防员身体向右侧卧，脱除左侧的肩带。

▲ 图5-15　右臂脱出肩带

消防员呈俯卧状态，将左臂脱出肩带，整理肩带、腰带，集中于空气呼吸器背托上方，如图5-16所示，将空气呼吸器置于身体前

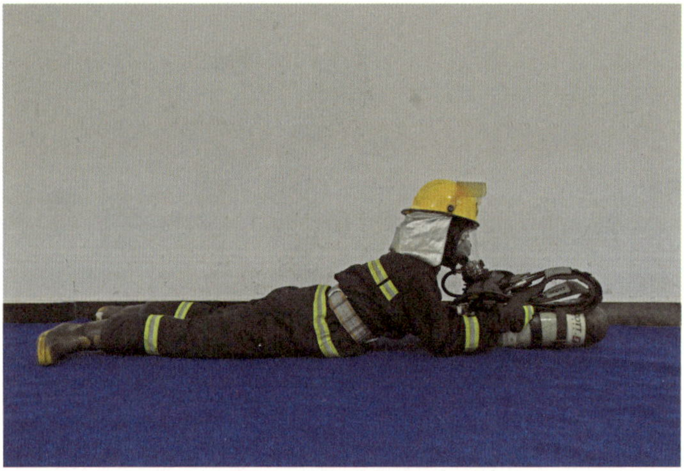

▲ 图5-16　将空气呼吸器置于身体前方

方，保持空气呼吸器持续供气，爬行通过狭小空间。

如图5-17所示，消防员也可以将空气呼吸器置于左腋下，爬行通过狭小空间。

▲ 图5-17　将空气呼吸器置于左腋下

通过狭小空间后，消防员重新佩戴空气呼吸器，如图5-18所示，消防员左臂穿过空气呼吸器肩带。

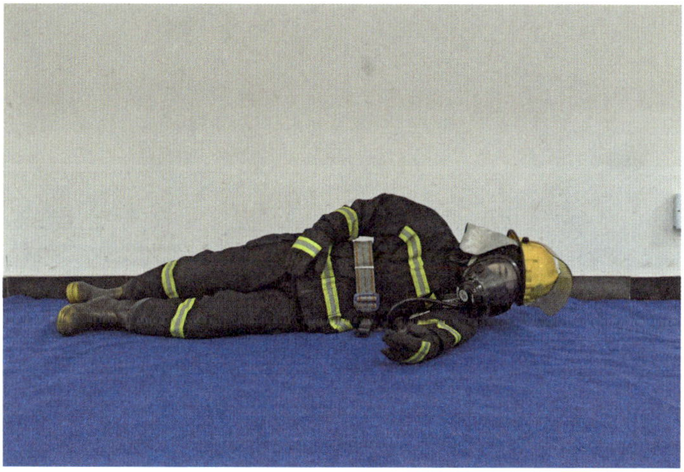

▲ 图5-18 左臂穿过空气呼吸器肩带

消防员右臂穿过空气呼吸器肩带，如图5-19所示，扣好腰带，收紧肩带、腰带，重新佩戴好空气呼吸器。

▲ 图5-19 重新佩戴好空气呼吸器

灭火救援现场消防员遇到狭小空间时，应注意首先评估狭小空间的大小和形状，如果空间允许，应尽可能采用不脱除空气呼吸器通过的方法，必须采用脱除一侧肩带法或脱除空气呼吸器主体法时，应注意保持空气呼吸器不间断供气，根据中压导管的位置，正确脱除肩带，避免出现中压导管缠绕，影响操作。

第三节　沿水带自救技术

沿水带自救技术包括摸水带撤出和沿水带下滑两种自救方法，当消防员在火场被困时，可以采用这两种方法自救。

一、摸水带撤出自救

消防员在火场作为水枪手灭火时，遇到火势突然增大或者其他危险情况需要紧急撤出时，水枪手可以放下水枪，如图5-20所示，摸水带线路快速撤出。火场内的其他消防员，例如侦察组、搜索组、

▲图5-20　摸水带撤出

疏散组等，在面临被困、迷失、紧急撤出等情况时，如果能够找到水带线路，也可以摸水带撤出，但需要区分水带线路的方向是撤出火场还是进入火场。对于快速接口的水带，可以摸到水带接口处，通过水带接口区分方向，水带接口母口一侧是火场出口方向，公口一侧是进入火场方向，消防员要特别注意，避免方向错误。对于内扣式水带，由于两个水带接口是一样的，则无法通过水带接口判断出口方向。

在消防员摸水带撤出过程中，如图5-21所示，由于水带交叉、绕圈等情况，造成水带线路复杂，消防员在摸水带行进时，并非完全按直线前进，有时多条线路重叠，在火场能见度很低的情况下，消防员要摸准水带，始终沿一条水带行进，避免摸错水带，造成无法撤出，这也要求在铺设水带过程中，做好水带管理。

▲图5-21　水带线路复杂

消防员需要专门进行摸水带撤出训练，训练时设置好水带线路，应设置一定的水带交叉、绕圈区域，遮挡消防员视线，将消防员带至水带附近，消防员找到水带后摸水带撤出。

二、沿水带下滑自救

沿水带下滑自救主要适用于附近有或者可以找到沿外墙垂直铺设水带，消防员被困后没有其他逃生途径的情况。沿水带下滑自救具有一定的危险性，消防员应尽可能采用其他方式逃生自救。

沿水带下滑第一步将水带进行固定，让操作分水器人员关水，关水后，卸下水枪，利用水带在牢固的物体上打结，固定水带，也可以利用绳索、扁带等将水带固定于牢固的物体上。消防员骑坐于窗台，解开安全腰带，将水带置于身前并扎于安全腰带内，让操作分水器人员开水，使水带充水。如图5-22所示，消防员双手抓紧水带的同时，两脚夹住水带，缓慢滑至地面。

▲ 图5-22 沿水带下滑

消防员沿水带下滑自救时应注意，水带固定必须安全牢固，避免出现水带脱落的情况，自救时只限于沿1盘水带下滑。

第四节　利用绳索自救技术

利用绳索自救逃生由来已久，方法也比较多，主要有缠绕身体下降，利用安全钩、下降器、逃生绳包下降等自救方法。消防员通常都会携带逃生绳或逃生绳包，遇到紧急情况时，可以利用绳索逃生。

一、逃生绳与逃生绳包

传统的逃生绳如图5-23所示，消防员将逃生绳整理后，用安全钩与腰带连接。利用逃生绳逃生时，无法立刻使用，需要一定的时间打开并进行整理，通常利用安全钩、八字环作为下降器，下降器为非自锁下降器，并且下降器需要现场与绳索连接。另外，逃生绳长期暴露在外，容易磨损、损坏、污染，给逃生绳带来安全隐患。

▲图5-23　传统逃生绳携带方式

针对传统逃生绳存在的缺点和弊端，近年来消防员个人逃生绳包发展迅速，国内外多家公司都有生产，如图5-24所示，逃生绳包通常包括一根逃生绳、两个安全钩、一个自锁式下降器、一个锚点绳圈（扁带圈）和一个绳包等。通常逃生绳直径8mm，长度16m，具有阻燃和耐高温性能。

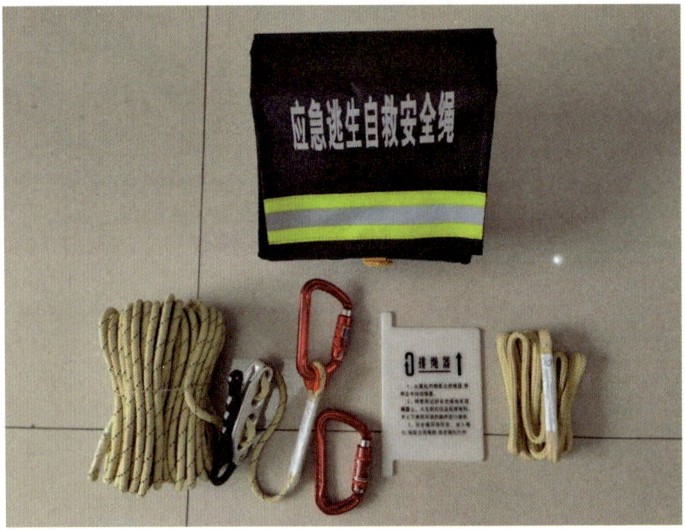

▲图5-24　逃生绳包

与传统的逃生绳相比，逃生绳包的优势主要有逃生绳包便于携带；绳索、下降器、安全钩进行了预组装，使用更为方便；配备了锚点扁带圈便于制作锚点；逃生绳置于绳包内，绳包对绳索及其他器材有良好的保护作用；使用时不用整理绳索，不用连接下降器，可以有效节省时间；配备了自锁式下降器，消防员松开双手后，下降器自动锁定，使消防员悬停在空中，不会坠落。逃生绳包也有一定的不足，配备的绳索只有16m，消防员逃生距离受限；部分逃生绳包配备的下降器过小、操作不便，尤其在消防员佩戴手套的情况下，操作更加困难，不便于消防员在逃生中使用。

二、利用绳索缠绕身体自救

消防员如果仅有逃生绳，在楼层不高的情况下，可以利用逃生绳缠绕身体下降的方法自救。与其他方法相比，缠绕身体下降危险性很高，下降过程中消防员身体容易失去平衡导致坠落，在身体疲劳的情况下，更加容易发生事故。因此，实战中消防员尽可能不采用绳索缠绕身体的方式下降，如果有安全钩、下降器等其他器材时，应使用其他器材作为缓降器下降。在现场没有绳索时，也可以利用水带充当绳索，缠绕身体下降。

缠绕身体下降逃生的步骤为：

① 关闭房间的门或使用其他家具（如沙发、床垫等）作为阻隔，以阻止火势蔓延。因为一旦打开窗口逃生，新鲜空气进入，会造成房间内的火势扩大。

② 寻找并确定一个固定绳索的锚点，打开并整理绳索，如图5-25所示，利用绳索的末端在锚点上打结，可以打卷结、双绕双结等固定绳索，注意用单结或水手结加固并留有足够的绳头。火场中可以作为固定锚点的物体有：梁、柱、墙体、粗的管道、可以卡住

▲ 图5-25　在锚点固定绳索末端

开口的大型家具等。锚点应有足够的强度，尽量远离着火区域，靠近逃生窗口，以避免绳索被烧断。

③ 锚点设置好后，消防员可以采用肩部制动绕绳的方法缠绕绳索，如图5-26所示，面对锚点并跨过逃生绳，左手抓握前面的绳索，右手抓握后面的绳索。

▲ 图5-26　跨过逃生绳

如图5-27所示，右手从后面拿绳顺右肋绕至胸前，再从左肩绕至背后，斜向下到右侧，右手握下绳。

▲ 图5-27　肩部制动绕绳

消防员也可以采用颈部制动绕绳的方法，与肩部制动相同，先面对锚点并跨过逃生绳，如图5-28所示，右手从后面拿绳顺右肋绕至胸前，将绳索从左肩绕至身后。

▲ 图5-28　将绳索从左肩绕至身后

如图5-29所示，将逃生绳绕过颈部至右胸前，右手握下绳，左手握上绳。

▲ 图5-29　颈部制动绕绳

④ 消防员骑坐窗台，收紧上绳，慢慢将身体转出窗口，缓慢控制身体离开窗台，将全部重量转移至安全绳上。右手缓慢释放绳索，

下降至地面。

三、利用安全钩与下降器自救

消防员随身携带有绳索、安全钩的情况下，可以利用安全钩作为下降器，进行下降逃生。

（一）利用安全钩自救

利用安全钩逃生的步骤为：

① 寻找合适的锚点，将逃生绳末端固定在锚点上。

② 如图5-30所示，旋转腰带，使腰带环朝前，打开安全钩开闭杆，将安全钩钩挂于腰带环。

▲图5-30　安全钩钩挂于腰带环

③ 安全钩第一种绕绳方法，左手打开安全钩开闭杆，右手握绳索上端，顺时针将绳索在安全钩内缠绕一圈，如图5-31所示，锁闭安全钩，左手握上端绳索，右手握下端绳索。利用该方法下降时，

摩擦力小，下降速度快，难以控制，如果没有熟练掌握该方法下降，不建议消防员在火场自救逃生时使用。

▲ 图5-31　安全钩缠绕绳索方法一

安全钩第二种绕绳方法，利用绳索在安全钩上制作意大利半结，与第一种方法相比，意大利半结摩擦力大，能够更好地控制下降速度，在只有安全钩的情况下，更适合于消防员自救逃生。

意大利半结的制作方法为，消防员左手打开安全钩开闭杆，右手握绳索上端将绳索放进安全钩，右手用绳索上端制作绳圈，如图5-32所示。

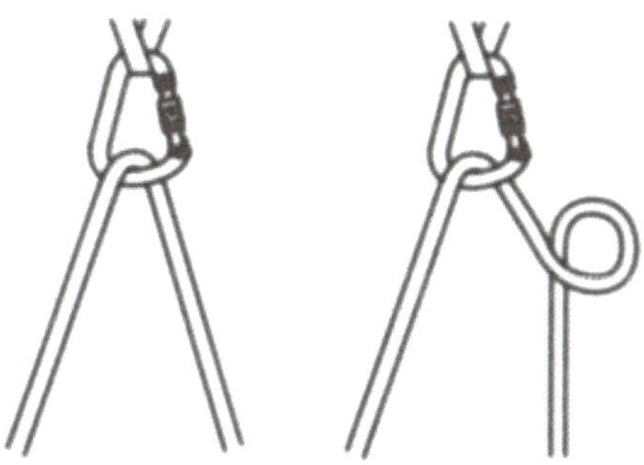

▲ 图5-32　意大利半结制作方法步骤一

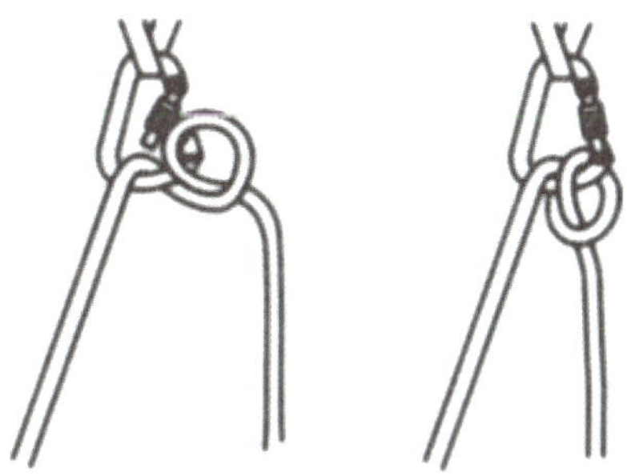

▲ 图5-33　意大利半结制作方法步骤二

如图5-33所示，将绳圈挂进安全钩，意大利半结制作完毕，锁闭安全钩。

意大利半结制作完毕后，消防员左手抓握上绳，右手抓握下绳，如图5-34所示。

▲ 图5-34　抓握绳索

④ 如图5-35所示，消防员骑坐窗台，将安全钩下部绳索向上拉起，收紧安全钩上部的绳索余长。

▲ 图5-35　骑坐窗台

⑤ 右手抓握安全钩下部的绳索，左手抓握窗台内侧，身体缓慢移出窗口边缘，左手虚握上部绳索，右手缓慢释放下部的绳索，使身体匀速下降至地面，下降过程中，双脚可以蹬墙面，控制身体不贴墙面。

（二）利用下降器自救

利用下降器沿绳索下降逃生可以较好地控制下降速度，目前常用的下降器为八字环，八字环为非自锁下降器，非自锁下降器不能松开制动手，手松开后会导致坠落，而自锁下降器松手后会在空中锁定，因此，自锁下降器安全性更好。

利用八字环逃生的步骤与安全钩逃生的步骤是一致的，首先是寻找合适的锚点，打开并整理绳索，在锚点上固定绳索末端；然后旋转腰带，连接安全钩，将绳索对折形成绳耳，由外向里从八字环的大环中穿出，套过八字环的小环，将八字环的小环与安全钩进行连接，锁闭安全钩，如图5-36所示。

▲图5-36　缠绕八字环

与利用安全钩下降相同，消防员左手抓握上端绳索，右手抓握下端绳索。消防员骑坐窗台，将八字环上部的绳索下拉、下部的绳索上拉，收紧八字环上部的绳索余长。如图5-37所示，消防员右手抓握八字环下部的绳索，左手抓握窗台内侧，身体缓慢移出窗口。

▲ 图5-37　身体准备移出窗口

如图5-38所示，消防员左手虚握上部绳索，右手缓慢释放下部的绳索，使身体匀速下降至地面。

▲ 图5-38　利用八字环下降

在下降过程中，不管是利用安全钩下降，还是利用八字环下降，右手松开将导致消防员自由落体下坠，因此，到达地面前，右手绝对不可以完全松开。消防员还要考虑自身的体力是否能够控制绳索，在身体过度疲劳的情况下，应慎重采用安全钩、八字环下降逃生。

四、利用逃生绳包自救

利用逃生绳包自救的操作方法为，如图5-39所示，寻找合适的锚点，利用锚点扁带圈在锚点上缠绕，将逃生绳末端的安全钩与锚点扁带圈相连。

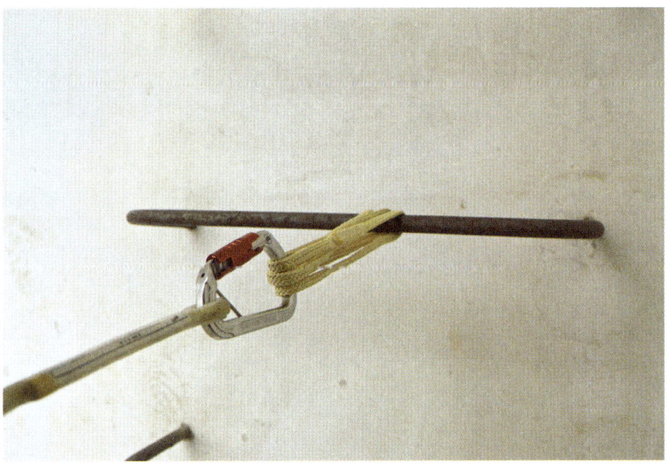

▲ 图5-39　制作锚点

如图5-40所示，利用与下降器相连的安全钩连接消防员的腰带环，调整下降器前方的绳索至合适的长度。

消防员骑坐窗台，如图5-41所示，右手抓握下降器下部的绳索，左手抓握窗台内侧，身体缓慢移出窗口边缘。

▲ 图5-40　连接腰带环

▲ 图5-41　身体准备移出窗口

如图5-42所示，消防员左手控制下降器，右手缓慢释放下部的绳索，使身体匀速下降至地面，如需制动，左手松开下降器即可，但在左手控制下降器下降时，右手不能松开，否则会导致坠落。

▲ 图5-42　下降

第五节　利用拉梯自救技术

拉梯、云梯、登高平台在火场中是重要的外部进攻通道，在消防员出现被困的情况时，可以通过这些登高器材、装备进行自救逃生。在消防员内攻过程中，指挥员应根据火场情况，提前架设消防梯作为消防员撤出、逃生的通道。利用拉梯自救分为传统沿拉梯自救和沿拉梯下滑自救两种方法。

一、传统沿拉梯自救方法

我国拉梯使用时要求拉梯需高出窗台至少两个梯磴，在消防员利用拉梯自救时，地面有消防员稳固拉梯进行保护，如图5-43所示，消防员需要抓握拉梯到窗台上。

▲ 图5-43　抓握拉梯到窗台上

消防员手扶拉梯，脚踩梯磴，站上拉梯，如图5-44所示，面向拉梯，踩梯磴，沿拉梯下降至地面。采用该方法沿拉梯逃生时，消防员在窗台的位置较高，易受到火焰、烟气威胁，逃生速度慢，不利于多名消防员逃生。

▲ 图5-44　沿拉梯下降

二、沿拉梯下滑自救方法

针对传统沿拉梯逃生方法的不足，近年来借鉴国外消防员操作方法，消防员不再站上窗台，而是上身探出窗外，抓握梯子，身体翻转，抱住拉梯，沿拉梯下滑。消防员利用拉梯下滑逃生前，如图5-45所示，地面的消防员需要将拉梯架设或调整为顶端与窗台平齐，或者略低于窗台，但不可以过低。

▲ 图5-45　拉梯顶端与窗台平齐

消防员上身探出窗外，如图5-46所示，右手伸入第一、二梯磴之间，抓握第三梯磴，用右手臂和手肘勾住第二级梯磴，左手抓握梯梁。

消防员左手沿梯梁下滑，身体继续探出窗外，如图5-47所示，用左手抓握第四级梯磴。

消防员左右手握紧梯磴，用手臂控制和稳定身体，双腿弯曲，身体从左侧向下旋转至直立位置，如图5-48所示，双脚蹬至拉梯最近的梯磴，右臂勾住第二梯磴，左手紧紧抓住第四梯磴。

▲ 图5-46　右手抓握第三梯磴

▲ 图5-47　左手抓握第四级梯磴

▲ 图5-48　身体直立

消防员沿拉梯下滑，如图5-49所示，用双手抓握两侧的梯梁，双腿膝盖、小腿置于两侧梯梁的外侧，伸展手臂，使胸部与梯子之间保持足够空间，以避免呼救器、对讲机、压力表、面罩等被钩挂，控制速度，沿梯梁滑下梯子。消防员可以用手抓紧梯梁，把膝盖压紧梯梁来控制身体下滑的速度。

▲图5-49　沿拉梯下滑

利用消防梯下滑逃生速度快，可以减少火焰、烟气损害，可以多名消防员连续逃生，但操作中也具有较高的风险，要求消防员经过严格的训练，熟练掌握后才可以使用，在训练与实际应用过程中还应注意以下事项。

① 拉梯的顶端必须与窗台平齐或者略低于窗台，但是不能使消防梯的顶端离窗台的距离太远。如果拉梯的顶端比窗台高，可能会导致逃生的消防员被钩挂、失去平衡，悬挂在拉梯上或者坠落，减慢甚至停止紧急逃生，造成伤亡。

② 拉梯竖起的角度不应大于75°，如果拉梯角度大于75°，逃生消防员就会不容易控制身体，“头重脚轻”引起不平衡而增加失控的

风险，拉梯角度越小越利于消防员控制身体，在训练时可以先从较小的角度开始训练，但较小的角度也容易导致拉梯失控，因此在实战中拉梯角度不宜过小。

③ 在利用消防梯逃生时必须有人在地面抓握消防梯进行固定保护。当消防梯上有水或结冰，要特别小心，消防梯会变得很滑，导致消防员握不住梯子而跌落。

④ 如果消防员没有接受过消防梯下滑逃生技术的训练，或者在极度疲惫、受伤等情况下，不应使用消防梯下滑的方法逃生。

⑤ 在组织消防员沿拉梯下滑逃生训练时，应设置保护绳，由专人对训练的消防员进行保护，保护过程中，保护绳应松紧适度，过紧会影响消防员的动作，过松在消防员失控坠落时无法及时起到保护作用。

第六节　消防员延时呼吸技术

延时呼吸是消防员在火场内被困或迷失方向，无法自救逃生时，延长空气呼吸器使用时间时所采用的呼吸方法。有研究表明采用R式延时呼吸方法，身体呈俯卧姿态，空气呼吸器报警后平均使用时间可以达到18.12min；采用自由呼吸方法，身体呈俯卧姿态，平均使用时间为11.7min；如果在跑步机上以6km/h的速度快走，平均使用时间为8.58min。可以看出，与被困后继续寻找出口、进行大体力消耗相比，消防员采用延时呼吸法，保持身体放松的状态，空气呼吸器的使用时间可以大大延长，为外部消防员营救创造时间。因此，消防员被困后，要综合衡量空气呼吸器剩余使用时间、能否找到出口自救、被营救所需时间等多种因素，确定是采用自救逃生的办法，还是采用延时呼吸的方法原地等待救援。消防员延时呼吸方法较多，主要有点式、吸管、战术、R式、手轮呼吸法。延时呼吸方法不仅可以应用于消防员被困等待救援时，也可以在日常灭火救援作战、训练中采用，消防员佩戴空气呼吸器时最好养成利用延时呼吸方法呼吸的习惯，从而节约气量，有效延长空气呼吸器的使用时间。

一、点式呼吸法

消防员利用点式（skip）呼吸法呼吸时：

① 通过鼻子进行正常吸气；

② 当消防员感觉需要再次吸气时，紧接着通过鼻子再次快速吸气，然后通过鼻子正常呼气。

在使用点式呼吸法过程中，呼吸时类似于哭泣时的抽泣，该方法通过增加单次吸气时的进气量来延长呼吸周期，从而达到延长呼吸时间的目的。消防员使用点式呼吸法时呼吸频率约为每分钟8次。

二、吸管呼吸法

消防员使用吸管（straw）呼吸法时：

① 通过鼻子进行缓慢正常吸气；

② 呼气时将上下嘴唇撅起来，并模仿嘴中含有吸管将气体缓缓吹出。

该方法延长呼吸时间的原理为：在消防员呼气的过程中，由于嘴唇噘起，呼气受阻进而导致呼气速率降低，从而通过延长单次呼气时间来延长呼吸周期，达到延长呼吸时间的目的。

三、战术呼吸法

战术（tactical）呼吸法是军队训练狙击手时常用的调整心理状态的呼吸方法。消防员使用战术呼吸法时：

① 缓慢平稳吸气3～4s；

② 憋气保持3～4s；

③ 缓慢平稳呼气3～4s；

④ 再次憋气保持3～4s，然后再进行下一次吸气。

该呼吸法不同于一般的深呼吸憋气，消防员通过控制调节吸气和呼气的气量，强制性将整个呼吸周期有规律地延长至12～16s，从而可将呼吸频率降低至每分钟5次左右。但由于在呼吸过程中消防员需要憋气，倘若消防员在火场由于高强度的劳动或紧张等原因，未能将自己的心率平息下来，那么就很难使用该呼吸方法。

四、R式呼吸法

R式呼吸法，即Reilly应急呼吸法，是一种能够有效延长消防员空气呼吸器使用时间的呼吸方法。当消防员遇险被困时，使用该呼吸方法能够为外部救援人员实施二次救援赢得宝贵时间。

消防员使用R式呼吸法时：

① 先按照正常呼吸深度均匀吸气；

② 缓慢地呼气，在呼气过程中，将呼出的气流与鼻腔发生摩擦，发出轻微连续的“哼”音，并尽可能将鼻腔内气体完全排出，然后再开始下一次呼吸。

在通常情况下，消防员自由呼吸的频率约为每分钟10～15次，相当于一次完整呼吸的持续时间为4～6s。而使用R式呼吸法时每次呼吸的间隔时间可达到12s左右，可将呼吸频率降低至每分钟5次左右，从而极大延长空气呼吸器的使用时间。更为重要的是，在使用R式呼吸法的呼气过程中，在某种程度上可以帮助消防员尽快恢复平静，能有效调节消防员的心理，降低心率，减轻心理压力和呼吸负荷，从消防员身心方面延长空气呼吸器的使用时间。

五、手轮呼吸法

消防员在使用手轮（wheel）呼吸法时：

① 在安全的地方坐下，如图5-50所示，将空气呼吸器背托从背后摘下并抱于自己怀中，将身体调整为自己觉得舒适的姿势；

▲ 图5-50　将空气呼吸器抱于怀中

② 拧紧手轮，关闭气瓶阀；

③ 需要吸气时拧开约半圈气瓶阀，正常吸气；

④ 呼气时，马上将气瓶阀关闭，正常缓慢呼出气体，当感觉需要下一次吸气时，以此类推，进行下一轮操作。

第六章

被困消防员救援技术

消防员灭火作战伤亡时有发生，消防员安全一直是关注和研究的热点问题，但被困消防员救援是近几年由国外引入的新理念和技术，在此之前我国消防没有系统的被困消防员救援的理论和方法。与普通被困人员相比，被困消防员救援更加注重对其呼吸保护，主要采用的方法包括空气呼吸器共用、快速充气、备用空气呼吸器等。由于被困消防员佩戴空气呼吸器，在救援时采用的方法与普通被困人员也有很大的不同，可以利用空气呼吸器肩带、腰带实施救援。

第一节　被困消防员救援概述

一、被困消防员救援的方式

灭火救援现场一旦出现消防员被困、受伤、迷失、失联等情况时（以下将这些情况统称为消防员被困），应立即对发生意外的消防员展开救援，按照实施救援的主体，被困消防员救援可以分为以下方式。

（一）同伴救援

通常情况下，现场消防员都是小组作业，当作业的消防员小组中有消防员被困，小组中的其他消防员距离被困消防员最近，实施救援最快，但如果小组中的消防员都被困，则无法实施同伴救援。由于作业小组的人数不等，同伴救援还会出现救援力量不足的情况，甚至出现一对一救援被困消防员的情况，因此，同伴救援对技术、体能、心理的要求更高。此外，同伴实施救援时是在作业过程中，已经消耗了一定的空气呼吸器气量，同伴消防员气量所剩不多，救援被困消防员会大大增加气量消耗速率，如果被困消防员空气呼吸器故障、耗尽，同伴还需要与被困消防员共用空气呼吸器，气量消耗会成倍增加，在这些情况下，消防员需要计算剩余气量是否能够将被困消防员救出，避免出现救援被困消防员的消防员被困。

在发现同伴被困时，小组的其他消防员要第一时间向指挥员报告有消防员被困、小组位置、周围情况等，及时汇报被困消防员救援的方式、路线，指挥员做好支持、配合、接应，如果判断无法将被困消防员救出，及时请求指挥员派出紧急救援小组实施救援。

（二）其他作业消防员救援

当有消防员被困时，周围作业的消防员也可以对其进行救援，一种情况是，其他作业的消防员执行任务过程中，发现被困的消防员，对其进行救援；另一种情况是，出现消防员被困后，指挥员命令被困消防员周围其他消防员进行搜索、救援。与同伴救援一样，其他消防员发现被困消防员后，应及时向指挥员报告，评估救援的难度，计算需要的空气呼吸器气量，及时请求增援。

（三）紧急救援小组救援

紧急救援小组是专门成立的小组，在消防员被困后进入现场，搜索、救援被困的消防员。国外有些资料称为RIT（rapid intervention team）、RIC（rapid intervention crew），直译为“快速干预小组”，当前，国内大多数资料和实际训练、培训中直接使用英文简称RIT/

RIC，导致很多消防员不清楚其具体含义，用直译的中文“快速干预小组”也不能清楚、直接地表达被困消防员救援的含义，对该小组的命名建议使用“紧急救援小组”，准确地表达该小组含义，让消防员能够快速掌握和理解。

二、遇险消防员紧急呼救程序

消防员在灭火救援现场遇到迷失、埋压、坠落、受伤、空气呼吸器故障、气量不足等危及生命安全的情况，应当立即紧急呼救，紧急呼救可按以下程序实施。

1.发出信号

遇险消防员第一时间通过手持电台呼叫、呼救器手动报警、照明灯爆闪、器材敲击发声等方式发出呼救信号。使用手持电台呼救时，应使用战斗频道或紧急救援频道发出“呼救、呼救、呼救”的现场求救信号，每间隔5s进行重复呼救，直至收到回复为止。

2.说清要素

遇险消防员收到回复后，应当立即将姓名、单位、所处位置、当前处境、空气呼吸器压力等情况一次性报告清楚，并与指挥员保持联络。

3.自救逃生

在情况允许时，遇险消防员应当积极进行自救逃生，寻找门、窗口、楼梯等出口，通过摸水带撤出、沿水带下滑、沿绳索下滑、沿拉梯撤出等方式自救逃生。

4. 主动待援

在无法自救逃生时，遇险消防员具备行动能力情况下，应当主动寻找避难层（间）、疏散楼梯间、靠外墙房间、承重构件下方等避难空间，采取关门、射水、支撑等方式，堵截火势、驱散烟气、稳固结构，努力减少危险因素。

5. 积极避险

遇险消防员待援时应采取深吸、慢呼的呼吸方式，调节呼吸深度、降低呼吸频率，也可以采用延时呼吸方法，尽量延长空气呼吸器使用时间。当空气呼吸器气量即将用尽时，可利用阻燃头套进行“过滤式”呼吸，并采取低姿体位通过地面、缝隙获取空气等方法，最大限度延长生存时间。启动呼救器，打开照明器材，利用破拆工具制造声响，以便于其他消防员或紧急救援小组发现自己。同时，遇险消防员应保持冷静，平复心情，坚定获救信心，发挥潜能，永不放弃，最大限度消除恐惧心理，积极等待救援。

三、紧急救援小组

近年来，部分学者针对内攻消防员伤亡不断发生的情况，借鉴国外做法，提出了火场内攻时外部提前设置备用救援小组的做法。目前，内攻小组在火场内部被困后，存在临时组成救援小组实施救援的情况，这种做法主要有以下两个方面的问题：一是临时组成救援小组与提前设置救援小组相比，需要更多的时间进行人员、器材的准备，导致救援时间延长，无法对被困人员及时救援；二是临时救援小组的队员没有经过更高层次的专业训练，缺乏对救援内攻受困消防员复杂性的认识，有可能导致被困人员无法救出、营救人员被困等情况。

紧急救援小组制度的建立能提高被困消防员救援的效率，降低消防员伤亡事故的发生，但关于紧急救援小组设置的很多问题还没有明确或解决，比如，内攻消防员与紧急救援小组的比例，内攻消防员比较少时与比较多时，分别应设置多少紧急救援小组，紧急救援小组的人数应为多少，紧急救援小组是否一直作为紧急救援小组，内攻小组和紧急救援小组是否可以轮换等，这些问题还需要在实战和理论方面进行解决。

灭火救援现场指挥员应在内攻时建立紧急救援小组，而不是在现场有消防员被困时才组建，这样紧急救援小组有充足的准备时间，一旦有消防员被困，可以快速展开救援。由于被困消防员救援中通常需要铺设导向绳，携带紧急供气包或者备用空气呼吸器，救援难度大，紧急救援小组通常为4人以上，根据现场消防员的情况，也可以为2人或3人。以4人紧急救援小组为例，如图6-1所示，1号员为紧急救援小组组长，负责整个小组的行动指挥和安全，主要携带热成像仪、消防斧、通信设备等，通常位于小组的最前面；2号员通常位于1号员后面，主要携带主导向绳，负责释放、铺设导向绳，为紧急救援小组进攻和撤离提供方向；3号员主要携带紧急供气包或备用空气呼吸器，负责为被困消防员提供呼吸保护；4号员主要携带破拆工具，负责救援行动中的破拆；紧急救援小组的各个号员还要负责在行进路线以及周围进行搜索，找到被困消防员后将被困消防员救出，根据需要，紧急救援小组还会携带个人导向绳、扁带、担架、无齿锯等器材。

▲ 图6-1　紧急救援小组

紧急救援小组成立后应设立一个集结待命区域，组长在集结区域告知队员基本信息，队员按照各自分工和现场需求，准备好器材装备。大型灭火救援现场，参战人员多时，应组建多个紧急救援小组。组长开展现场侦察和评估，掌握外围环境、建筑出入口、内部结构布局、疏散楼梯、内攻通道、消防设施、内攻人员位置、数量等基本信息。根据现场情况和阵地位置，通过架设拉梯、云梯车、清除障碍等方式，预先开辟开展紧急救援时所需的通道，救援准备工作完毕后应向现场指挥员报告。一旦有消防员被困或失联，紧急救援小组可以快速进入现场实施救援，对被困消防员的搜索与普通被困人员的搜索基本相同，具体方法见第三章。

第二节　被困消防员呼吸保护技术

有些消防员被困是由于空气呼吸器故障或者气量不足，其他原因造成的消防员被困在消防员被找到时，大部分情况被困消防员气量不足或已经耗尽，因此，救援被困消防员时需要特别注意其空气呼吸器情况，对其呼吸进行保护。被困消防员呼吸保护技术主要包括：他救接口共用技术、面罩共用技术、快速充气技术、备用空气呼吸器等。

一、他救接口共用技术

利用他救接口共用空气呼吸器是最常用的共用方式，如图6-2所示，空气呼吸器通常在中压导管中部配备三通接口（他救接口），当一名消防员空气呼吸器出现故障或气量不足时，可将中压导管拔出，插入其他消防员的中压导管三通接口，实现空气呼吸器共用。

▲ 图6-2　中压导管三通接口

如图6-3所示，有的空气呼吸器是在减压器处另外配备一根他救中压导管，需要时可利用中压导管与该中压管接口连接。

利用他救接口共用空气呼吸器具体的操作方法为，第1名消防员告知或示意第2名消防员，需要通过他救接口共用空气呼吸器，如图6-4所示，第2名消防员打开自己他救接口的防护套。

▲图6-3　他救中压导管

▲图6-4　打开他救接口的防护套

第1名消防员位于第2名消防员他救接口一侧，屏住呼吸，将供气阀连接管与中压导管分离，如图6-5所示。

▲图6-5　中压导管分离

如图6-6所示，第1名消防员快速将供气阀连接管与第2名消防员空气呼吸器他救接口连接牢固，测试呼吸是否顺畅。

▲图6-6　连接他救接口

救援消防员也可以利用空气呼吸器救援头罩连接他救接口为被困消防员提供空气，使用救援头罩需要先摘除被困消防员的头盔、空气呼吸器面罩，再为其佩戴救援头罩，该方法步骤烦琐，消防员暴露于高温有毒环境的时间增长，头盔佩戴困难，主要适用于被困消防员面罩、供气阀损坏的情况，通常情况下应使用原面罩通过他救接口共用空气呼吸器。

由于他救接口共用技术要求两名消防员面罩中压导管连接在一起，两人行动会受到限制，会给行动造成一定的障碍。另外，空气呼吸器共用后会造成空气呼吸器使用时间大幅缩短，消防员在共用空气呼吸器后，要评估剩余气量是否能够满足两人到达安全区域，如果无法到达安全区域要尽快呼叫增援。

二、面罩共用技术

面罩共用技术是两人利用一个空气呼吸器面罩轮流呼吸，共用一部空气呼吸器的技术方法。面罩共用技术适用于面罩损坏、供气阀故障、他救接口损坏、只有一个面罩等情况。面罩共用可能造成消防员吸入有毒有害气体，在其他方法可行的情况下，尽可能不采用该方法共用空气呼吸器。

面罩共用技术的具体操作方法为，第1名消防员告知或示意第2名消防员需要共用空气呼吸器面罩，两名消防员屏住呼吸，如图6-7所示，摘下头盔，拉下阻燃头套。

▲ 图6-7　拉下阻燃头套

两名消防员松开面罩系带，摘下面罩，如图6-8所示。

▲图6-8　摘下面罩

如图6-9所示，两名消防员戴好阻燃头套、头盔。

▲图6-9　戴好阻燃头套、头盔

第2名消防员拿住面罩供气阀，将面罩与面部紧密贴合，每人呼吸三次，轮流使用，迅速撤出现场，如图6-10所示。

▲图6-10　面罩共用

三、快速充气技术

空气呼吸器快速充气（快充）技术是近年来出现的新技术，原理是利用快充导管连接压力高的气瓶和压力低的气瓶，利用气瓶的压力差，高压气瓶向低压气瓶快速充气，在短时间内两个气瓶达到压力平衡，从而实现空气呼吸器不用拆卸气瓶快速充气。要实现空气呼吸器快充，如图6-11所示，空气呼吸器需配备高压充气接头，普通空气呼吸器没有高压充气接头，不能进行气瓶的快速充气。

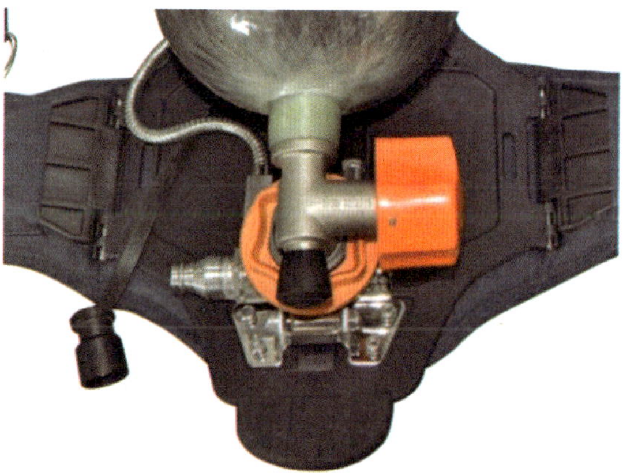

▲图6-11　高压充气接头

除空气呼吸器配备高压充气接头外，还需要快充导管，如图6-12所示，快充导管用于连接两部配备有高压快充接头的空气呼吸器。

▲图6-12　快充导管

利用快充导管连接两部空气呼吸器进行快速充气的步骤为：

① 气瓶阀须始终处于开启状态，打开高压充气接口保护套，如图6-13所示，将快充导管一端垂直插入被充气瓶高压充气接头，反向拉拔，检查连接是否牢固。

② 将快充导管有泄气阀的一端垂直插入充气气瓶高压充气接头，反向拉拔，检查连接是否牢固。

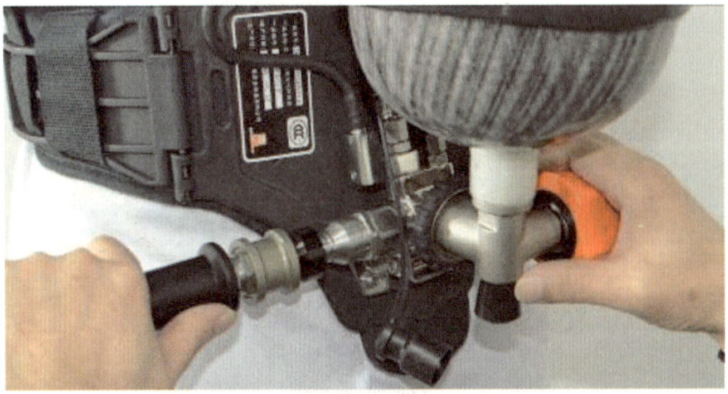

▲图6-13　快充导管连接高压充气接头

③ 快充导管连接完毕，开始充气，待压力表指针达到恒定值没有上升时，补充气源完成。

④ 补充气源完成后，依次扣住快充导管两端接口外圈向外拉拔，即可脱离。

⑤ 将快充导管泄气阀的开关打开，进行放气，放气后关闭，以备下次使用，扣好接口保护套。

在灭火救援实战中，消防员同伴之间利用快充导管进行两部空气呼吸器快速充气，操作复杂，还需要一定的时间，因此，利用他救接口共用空气呼吸器更为方便。在对被困消防员进行救援时，如果被困消防员空气呼吸器配备有高压充气接头，救援小组可以多携带一部空气呼吸器和快充导管，通过快速充气为被困消防员空气呼吸器补充气量。但空气呼吸器是为背负设计的，额外多携带一部空气呼吸器非常不方便，肩带、腰带、导管也容易勾挂。针对该问题，部分厂家专门设计了紧急供气包，如图6-14所示，紧急供气包包含

▲ 图6-14　紧急供气包

外壳、带子、气瓶、减压器、高压充气导管、高压快充接头、中压导管、中压接头、救援头罩等部件。

在灭火救援现场，紧急供气包可以背负，可以在地面上拖拽，便于携带，找到被困消防员后，如果被困消防员空气呼吸器压力不足，被困消防员空气呼吸器有高压快充接头时，可以利用高压充气导管为被困消防员空气呼吸器充气，方法与快充导管充气类似。

如果被困消防员空气呼吸器没有高压快充接头，可以将被困消防员空气呼吸器中压导管与紧急供气包中压导管连接，直接用紧急供气包给被困消防员供气，具体的操作方法为，如图6-15所示，救援消防员携带紧急供气包，找到被困消防员，检查被困消防员空气呼吸器压力，压力不足时，采用紧急供气包中压导管供气。

▲ 图6-15　找到被困消防员

救援消防员打开紧急供气包，如图6-16所示，取出中压导管，打开气瓶阀。

▲图6-16　取出中压导管

如图6-17所示，救援消防员打开被困消防员空气呼吸器中压导管。

▲图6-17　打开被困消防员空气呼吸器中压导管

如图6-18所示，救援消防员将紧急供气包中压导管与被困消防员中压导管连接，反向拉拔，检查是否连接牢固，检查被困消防员呼吸是否顺畅。

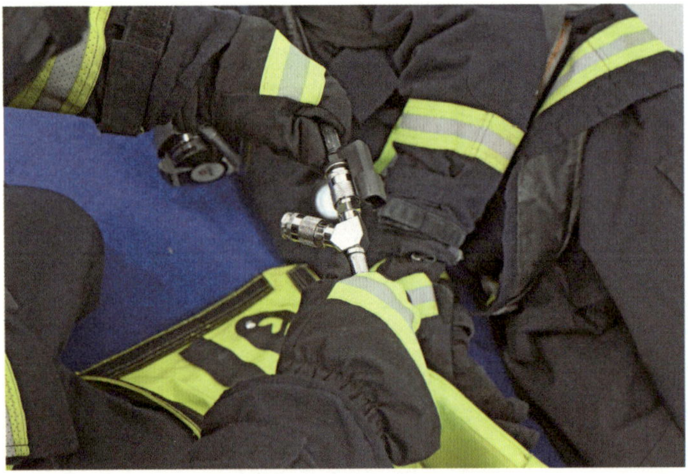

▲图6-18　连接中压导管

在这种情况下，被困消防员需要始终与紧急供气包相连，如图6-19所示，在被困消防员救出过程中，需要一名消防员携行紧急供气包，这样会给整个救援小组的行动带来困难。也可以利用紧急供气包带子与被困消防员腰带相连，将紧急供气包放于被困消防员两腿之间，拖拽被困消防员实施救援。

▲图6-19　携行紧急供气包

四、备用空气呼吸器

在灭火救援现场没有紧急供气包的情况下，紧急救援小组为了能够对被困消防员的呼吸进行保护，可以携带一部备用的空气呼吸器，如果被困消防员的空气呼吸器配备有快充接头，也可以携带配备有快充接头的空气呼吸器和快充导管，在找到被困消防员后，利用快充导管连接备用空气呼吸器和被困消防员空气呼吸器，为其快速充气，这样的操作相对简单，不需要为被困消防员更换空气呼吸器，耗时较少，利于被困消防员的快速营救。但是，当前消防救援队伍配备快充接头的空气呼吸器还比较少，绝大部分空气呼吸器没有快充接头，无法进行快速充气，这种情况下，就需要为被困消防员更换空气呼吸器。

为被困消防员更换空气呼吸器的具体方法为，紧急救援小组找到被困消防员后，如图6-20所示，检查被困消防员的情况和空气呼吸器压力，确定是否需要更换空气呼吸器。

▲ 图6-20　检查被困消防员

如果被困消防员气量较多，可以不进行更换，等气量不足时再进行更换。如果被困消防员空气呼吸器气量消耗殆尽，应快速为其连接备用空气呼吸器，在确保备用空气呼吸器气瓶打开的状态下，救援消防员打开被困消防员空气呼吸器中压导管，如图6-21所示。

▲图6-21　打开中压导管

如图6-22所示，救援消防员快速将被困消防员中压导管与备用空气呼吸器中压导管相连，检查被困消防员呼吸是否顺畅。

▲图6-22　连接中压导管

救援消防员放松被困消防员空气呼吸器肩带，打开腰带，如图6-23所示。

▲ 图6-23　打开空气呼吸器腰带

救援消防员移除被困消防员上方胳膊的肩带，将被困消防员下方胳膊向头顶方向伸展，如图6-24所示。

▲ 图6-24　下方胳膊向头顶方向伸展

如图6-25所示，救援消防员将被困消防员向自己一侧俯卧。

▲图6-25　被困消防员俯卧

救援消防员到被困消防员头顶位置，向被困消防员头顶方向拉空气呼吸器，脱除空气呼吸器主体，如图6-26所示。以上步骤也是被困消防员空气呼吸器移除的方法，在被困消防员救援过程中，需要移除空气呼吸器时可以采用。

▲图6-26　脱除空气呼吸器

如图6-27所示，救援消防员将备用空气呼吸器的肩带穿过被困消防员展开的胳膊。

▲ 图6-27　肩带穿过被困消防员胳膊

使被困消防员侧卧，如图6-28所示，救援消防员将空气呼吸器肩带穿过被困消防员另一胳膊，收紧肩带，扣牢腰带，被困消防员空气呼吸器更换完毕。如果救援小组有能力，可以将被困消防员原来的空气呼吸器带出现场，没有能力可以留在原地，火灾扑灭后再收回。

▲ 图6-28　肩带穿过被困消防员另一胳膊

在实际的救援中，根据现场情况可以在被困消防员连接备用空气呼吸器后，不对空气呼吸器进行更换，如图6-29所示，由一名消防员携带备用空气呼吸器，将消防员救出，这样可以节省时间，但有可能给救援行动带来不便，需要救援小组默契的配合。

▲图6-29 不更换空气呼吸器救援

利用备用空气呼吸器对被困消防员进行呼吸保护，操作较为复杂，备用空气呼吸器的携带、撤出也会给救援行动带来困难。一方面，消防员要在日常进行训练，熟练掌握操作方法；另一方面，被困消防员救援小组要根据现场情况权衡利弊，做出正确的决策和行动。

在被困消防员空气呼吸器气量耗尽，现场没有紧急供气包、备用空气呼吸器，救援消防员的空气呼吸器气量不足，无法与被困消防员共用时，如图6-30所示，救援消防员应打开被困消防员的空气呼吸器供气阀，避免被困消防员窒息，面罩应留在面部起保护作用，也可以将阻燃头套拉起罩在面罩供气阀接口，起过滤作用，然后对被困消防员实施救援。消防员被困空气呼吸器即将耗尽时，也可以采用该方法，打开供气阀，拉起阻燃头套罩住供气阀接口，低姿寻找出口。

▲图6-30　打开供气阀

第三节　被困消防员拖拽救援技术

在被困消防员搬运转移的过程中，与背、抱、抬、肩负等传统救援方式相比，拖拽救援更适合高温浓烟的火场环境，也更加节省体力。与普通被困人员相比，被困消防员佩戴灭火防护服、头盔、靴子、空气呼吸器等全套的个人防护装备，体重更大，难度更高。被困消防员拖拽救援方式、方法与普通被困人员拖拽有相同之处，但被困消防员佩戴空气呼吸器，肩带、腰带为拖拽提供了抓手，因此，两者的拖拽也有很大的不同。

一、单人拖拽救援

单人拖拽是指一名消防员拖拽一名被困消防员，与双人拖拽相比单人拖拽是比较困难的，单人拖拽被困消防员通常适用于下列情况：①只有两名消防员的小组，一名消防员失去意识，另一名消防员对其施救；②两名消防员确定了被困消防员的位置，一名消防员必须清理窗口或门口方向的障碍物，另一名消防员则拖拽被困者至门窗进行救援；③两名救援消防员找到被困消防员的位置，但有两名被困消防员，这时只能一个救援人员救援一名被困消防员。

（一）无空气呼吸器拖拽

通常情况下被困消防员是有空气呼吸器的，但也有一些特殊情况被困消防员没有空气呼吸器，比如空气呼吸器气量耗尽，消防员脱除了空气呼吸器，发生了严重缠绕，脱除了气量耗尽的空气呼吸器等。在被困消防员无空气呼吸器时可以采用徒手、扁带等方式进行拖拽。

1.徒手拖拽

单人徒手拖拽被困消防员是非常困难的，可以采用与拖拽普通被困人员相同的腋下、胸部拖拽方法，具体方法见第四章第二节。单人徒手拖拽时实施救援的消防员背向前进方向，易出现跌倒、坠落危险，身体姿势高容易受到高温、浓烟侵害，可以采用其他拖拽方式时应避免采用徒手拖拽。

2.利用扁带拖拽

在被困消防员无空气呼吸器时，最好利用扁带拖拽，如图6-31所示，一名消防员利用扁带拖拽被困消防员。利用扁带拖拽被困消防员扁带附着的方式很多，具体的操作方法见第四章第二节。

▲图6-31　利用扁带拖拽

（二）有空气呼吸器拖拽

绝大部分情况下被困消防员仍然佩戴空气呼吸器，即使空气呼吸器气量耗尽，救援消防员移除被困消防员空气呼吸器操作困难，还会延长救援时间，因此，救援消防员会在被困消防员佩戴空气呼吸器的情况下进行救援，空气呼吸器会增加重量，这样造成了救援被困消防员和普通被困人员的不同。

1. 利用空气呼吸器肩带拖拽

通常情况下被困消防员佩戴有空气呼吸器，救援消防员可以利用空气呼吸器肩带进行拖拽，拖拽时需要注意先把被困消防员空气呼吸器腰带打开，从两腿中间重新连接，这样可以避免拖拽时空气呼吸器腰带上移，更有利于拖拽，如果情况紧急，可以不打开腰带重新连接，直接抓握肩带拖拽。具体的操作方法为，救援消防员找到被困消防员后，对被困消防员进行检查，如图6-32所示，打开被困消防员空气呼吸器腰带。

▲ 图6-32　打开空气呼吸器腰带

救援消防员将空气呼吸器腰带调整至最长，如图6-33所示，腰带一端由后至前从两腿中间穿过，将腰带两端扣牢收紧。

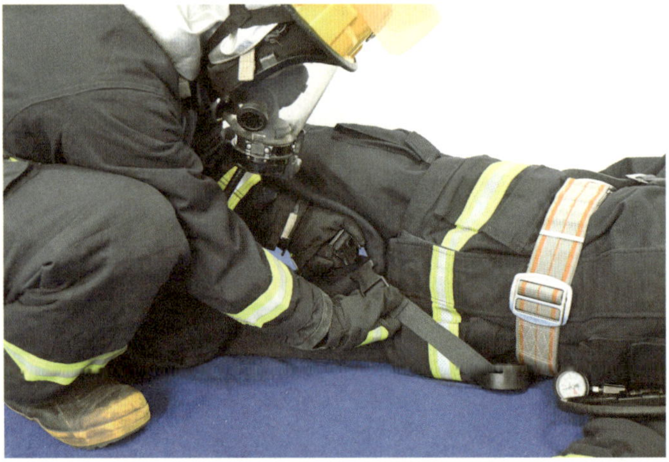

▲ 图6-33　扣牢腰带

救援消防员到被困消防员头顶位置，如图6-34所示，一手抓握被困消防员上方的空气呼吸器肩带，面向前方，身体呈低姿拖拽被困消防员，前面的手可以向前摸索，探测障碍物、孔洞、碎片等。

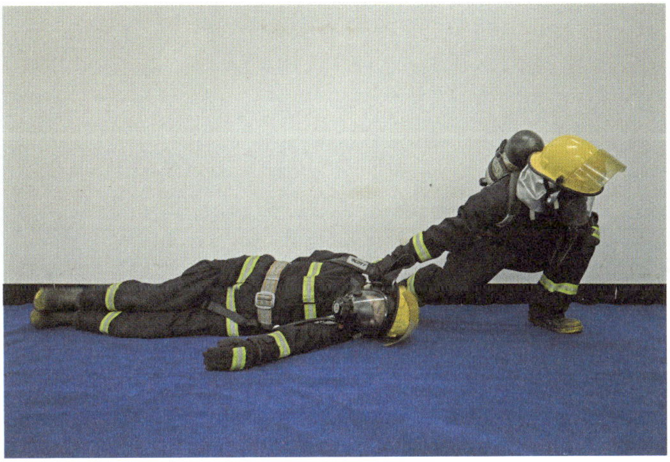

▲ 图6-34　拖拽被困消防员

2.利用DRD拖拽带拖拽

部分灭火防护服配备了DRD拖拽带，DRD拖拽带主要用于对被困消防员的拖拽转移救援，设计于消防员灭火防护服的背部，如图6-35所示。DRD拖拽带平时隐藏在防护服内，需要时拉出使用，为被困消防员拖拽提供了方便，需要注意并不是所有的灭火防护服都配备了DRD拖拽带。

▲ 图6-35　配备DRD拖拽带的灭火防护服

利用DRD拖拽带拖拽的具体操作方法为，如图6-36所示，救援消防员将被困消防员的DRD拖拽带拉出。

▲图6-36　拉出被困消防员DRD拖拽带

如图6-37所示，救援消防员抓握DRD拖拽带，低姿向前拖拽被困消防员。

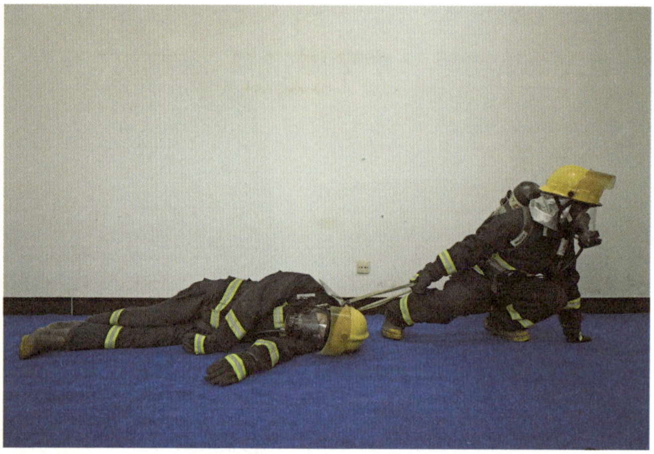

▲图6-37　拖拽被困消防员

3.利用手铐结拖拽

如图6-38所示，救援消防员可以利用扁带制作手铐结，将手铐结套于被困消防员手腕并收紧，利用手铐结向前拖拽，在被困消防员无空气呼吸器时，也可以利用手铐结拖拽被困消防员。

▲图6-38　利用手铐结拖拽被困消防员

二、双人拖拽救援

与单人拖拽被困消防员相比，两名消防员拖拽相对容易一些，消防员体力消耗更小，但在灭火救援现场恶劣的环境中，双人拖拽被困消防员也并不容易。

（一）无空气呼吸器拖拽

1.徒手拖拽

在被困消防员无空气呼吸器的情况下，如图6-39所示，使被困消防员面部向上躺于地面，两名消防员位于被困消防员肩部两侧，分别用靠近被困消防员的手抓握被困消防员衣领，使被困消防员头部略高于地面，保持低姿向前拖拽被困消防员。

救援消防员也可以拖拽被困消防员腋下，如图6-40所示，两名消防员位于被困消防员肩部两侧，分别用靠近被困消防员的手从上向下穿过被困消防员腋下，保持低姿向前拖拽被困消防员。

▲ 图6-39　拖拽衣领

▲ 图6-40　拖拽被困消防员腋下

2.利用扁带拖拽

在被困消防员无空气呼吸器时，与徒手拖拽相比，利用扁带拖拽能够牢固地附着伤员，提供很好的抓手，因此，利用扁带拖拽是比较好的拖拽方法，如图6-41所示，两名消防员位于被困消防员两侧，利用扁带向前拖拽被困消防员。双人利用扁带拖拽被困消防员与拖拽普通被困人员方法一样，可参见第四章第二节。

▲ 图6-41　双人利用扁带拖拽

（二）有空气呼吸器拖拽

1.利用空气呼吸器肩带拖拽

在空间宽度足够时，两名救援消防员可以并排拖拽被困消防员，具体的操作方法为，打开被困消防员空气呼吸器腰带，将腰带调整至最长，腰带一端由后至前从两腿中间穿过，将腰带两端扣牢收紧，如图6-42所示，两名救援消防员位于被困消防员头部两侧，分别用靠近被困消防员的手抓握被困消防员空气呼吸器肩带，保持低姿向前拖拽被困消防员。

双人拖拽被困消防员的另一种方式为前拉后推方式，特别适用于通道狭窄两名消防员无法并排拖拽时，也可用于普通情况下的拖拽。两名消防员分别位于被困消防员的头部和脚部，脚部消防员将被困消防员空气呼吸器腰带从其腿部中间重新连接，双膝跪地，如图6-43所示，将被困者的一条腿抬起，置于肩上，一只手抱住被困者的大腿根部，用肩膀向前推被困消防员的大腿，头部的消防员抓

▲图6-42　并排拖拽被困消防员

握被困消防员上方的空气呼吸器肩带，面向前方，身体呈低姿拖拽，两名消防员前拉后推，相互配合，协调一致，向前运送被困消防员。

▲图6-43　前拉后推拖拽

在被困消防员无空气呼吸器时，也可以利用扁带附着被困消防员的胸部，两名消防员前拉后推拖拽。

2.利用DRD拖拽带拖拽

在被困消防员灭火防护服配备有DRD拖拽带时，可以将DRD

拖拽带拉出，如图6-44所示，两名消防员并排抓握DRD拖拽带进行拖拽，也可以采用前拉后推的方式，一名消防员在前拉DRD拖拽带拖拽，另一名消防员将被困消防员腿置于肩上向前推。被困消防员无空气呼吸器时，两名消防员也可以利用DRD拖拽带并排或前拉后推拖拽。

▲ 图6-44　利用DRD拖拽带拖拽

3. 利用手铐结拖拽

救援消防员可以利用手铐结拖拽，如图6-45所示，两名消防员

▲ 图6-45　利用手铐结拖拽

分别抓握一根扁带，向前拖拽被困消防员，也可以采用前拉后推的方式拖拽。在被困消防员无空气呼吸器时，两名消防员也可以利用手铐结拖拽被困消防员。

第四节　楼梯拉梯救援技术

与救援普通被困人员一样，救援被困消防员也需要能够向上或向下通过楼梯，在楼梯被火势封堵或者坍塌后，也需要通过拉梯救援被困消防员，因此，消防员需要掌握楼梯、拉梯被困消防员救援技术。

一、楼梯救援技术

（一）窄楼梯救援技术

1.窄楼梯向下救援

窄楼梯空间狭窄，只能容纳两名消防员前后救援，救援难度大，对救援消防员要求高，同时也适用于只有两名救援消防员时宽楼梯救援。沿窄楼梯向下救援，被困消防员有空气呼吸器时，两名消防员可以采用抬的方法进行救援。

救援消防员首先将被困消防员空气呼吸器腰带打开并调整至最长，腰带一端由后至前从两腿中间穿过，将腰带两端扣牢收紧。抬脚的消防员位于前面，将被困消防员两腿交叉，用一只手臂抱住被困消防员脚踝或小腿，另一名消防员位于后面，双手抓握被困消防员空气呼吸器肩带，两名消防员合力将被困消防员抬起向下救援，如图6-46所示。

▲ 图6-46　窄楼梯向下救援

窄楼梯向下救援被困消防员时，也可以采用沿楼梯下滑的方式，被困消防员头部向下，救援消防员抓握被困消防员空气呼吸器肩带，将被困消防员慢慢沿楼梯向下拉，如果有第二名消防员，第二名消防员可以位于第一名消防员下面，引导第一名消防员。

如果被困消防员无空气呼吸器，消防员可以通过抓握腋下，利用扁带、DRD拖拽带等方式提起或拖拽被困消防员，沿楼梯向下救援，具体方法可参考普通被困人员救援。

2. 窄楼梯向上救援

窄楼梯向上救援，被困消防员有空气呼吸器时，两名消防员救援被困消防员具体的操作方法为，在楼梯底部，被困消防员头部朝向楼梯，两名消防员分别位于被困人员头部和脚部，脚部的消防员打开被困消防员空气呼吸器腰带，一端从其两腿中间穿过并扣紧腰带，头部消防员将被困消防员上半身推起，两手抓握被困消防员空气呼吸器两侧肩带，在脚部的消防员分开被困消防员的双腿，并抓握其膝盖下面，也可以将被困消防员两腿交义，用手臂抱起。

如图6-47所示，两名消防员沿楼梯向上救援被困消防员，在体力允许的情况下，可连续向上救援，如果体力不允许，可以分段或逐级救援，在救援中两名消防员应注意相互协调，动作一致。

▲图6-47　窄楼梯向上救援

如果被困消防员无空气呼吸器，前面的消防员可以通过抓握腋下，利用扁带、DRD拖拽带等方式提起被困消防员，沿楼梯向上救援。

（二）宽楼梯救援技术

与窄楼梯相比，宽楼梯可以容纳更多的救援消防员，救援人员充足时，救援难度相对较低。宽楼梯救援时如果救援消防员为两名以下，由于救援人员不足，只能采用与窄楼梯救援相同的方法向上或向下救援，救援难度同样较高。

1.宽楼梯向下救援

宽楼梯向下救援，实施救援的消防员人数为三人时，被困消防员有空气呼吸器，被困消防员脚部朝向楼梯下方，将被困消防员空气呼吸器腰带一端从两腿中间穿过，腰带两端扣牢收紧，如图6-48所示，一名消防员将被困消防员双腿交叉，用手臂抱住被困消防员小腿，两名消防员位于被困消防员肩部两侧，分别抓握被困消防员空气呼吸器肩带，三人合力，将被困消防员抬起向下搬运。

▲图6-48 宽楼梯三名消防员向下救援

现场有四名消防员实施宽楼梯向下救援时，被困消防员有空气呼吸器，与三名消防员救援相比，腿部增加一名消防员，如图6-49

▲图6-49 宽楼梯四名消防员向下救援

所示，两名消防员在被困消防员腿部两侧，分别抓握被困消防员膝盖下面，两名消防员抓握被困消防员空气呼吸器肩带，四人合力抬起被困消防员向下救援。

如果被困消防员无空气呼吸器，后面的消防员可以通过抓握腋下，利用扁带、DRD拖拽带等方式提起被困消防员，沿楼梯向下救援。

2.宽楼梯向上救援

宽楼梯向上救援，被困消防员佩戴空气呼吸器的情况下，三名消防员救援，被困消防员背向楼梯上方，如图6-50所示，两名消防员位于被困消防员肩部两侧，面向楼梯，分别抓握被困消防员空气呼吸器肩带，一名消防员分开被困消防员双腿，抓住膝盖下面，将被困消防员抬起，三人合力将被困消防员向上搬运。

▲ 图6-50　宽楼梯三名消防员向上救援

实施救援消防员为四名时，被困消防员佩戴空气呼吸器的情况下，如图6-51所示，被困消防员背向楼梯，两名消防员抓握被困消防员空气呼吸器肩带，两名消防员抓握膝盖下面，四人合力抬起被困消防员向上救援。

▲图6-51 宽楼梯四名消防员向上救援

如果被困消防员无空气呼吸器，前面的消防员可以通过抓握腋下，利用扁带、DRD拖拽带等方式提起被困消防员，沿楼梯向上救援。

二、拉梯救援技术

利用拉梯救援被困消防员可以快速将窗口变为救援通道，救援速度快，适用于楼层低的情况，但救援的危险性较高，必须在经过训练并熟练掌握后方可实施。

由于被困消防员大部分情况失去行动能力，无法配合救援，救援消防员及时与指挥员沟通，确定被困消防员救出的窗口，救援消防员将被困消防员移动至该窗口，让被困消防员脚部朝向窗口，移除被困消防员的空气呼吸器，如图6-52所示。

指挥员命令消防员在被困消防员救出的窗口架设拉梯，如图6-53所示，拉梯顶端与窗台平齐或略低于窗台，拉梯顶端不应高于窗台，否则会给消防员救出带来困难、造成勾挂，将拉梯架设牢固后，至少有一名消防员在拉梯底部固定拉梯。

▲ 图6-52　被困消防员脚部朝向窗口

▲ 图6-53　拉梯顶端与窗台平齐

如果救援被困消防员的消防员有三名以上，如图6-54所示，一名消防员从窗口下降站上拉梯，双手抓握梯梁，也可以地面的消防员沿拉梯攀登至窗口。

两名救援消防员位于被困消防员两侧，将被困消防员抬上窗台，使被困消防员坐于窗台上，如图6-55所示。

▲ 图6-54 一名消防员站上拉梯

▲ 图6-55 将被困消防员抬上窗台

窗口内的消防员与拉梯上的消防员相互配合，如图6-56所示，将被困消防员的腿放在拉梯上消防员的肩膀上，把被困消防员从窗台上移动至拉梯上，在这一过程中，拉梯上的消防员两手要紧紧抓住两侧梯梁，不可以松开，否则可能会导致救援消防员和被困消防员从拉梯上跌落。

如图6-57所示，消防员抓握两侧梯梁，身体保持正直，每次向下移动一个梯磴，将被困消防员向下救援。也可利用绳索与拉梯配合救援被困消防员，具体方法参考第四章第四节中的拉梯与绳索联用救援。

▲图6-56　将被困消防员移至拉梯

▲图6-57　沿拉梯救援

沿拉梯救援被困消防员危险性高、实施难度大，如果有其他救援途径，应尽可能选择其他途径，必须采用时，应注意拉梯架设高度与窗台平齐，消防员应接受过该科目的训练，向下移动时，控制速度，每次移动一个梯磴，双手始终抓握两侧梯梁。如有足够长的绳索或扁带时，可以用绳索或扁带一端固定或连接被困消防员，在沿拉梯向下救援被困消防员时，窗口消防员拉紧绳索、扁带提供保护，降低拉梯上实施救援的消防员的压力。

第七章 佩戴空气呼吸器消防员安全管理

消防员佩戴空气呼吸器在执行灭火与应急救援任务时，需要深入火灾和事故现场，时刻面临高温、浓烟、有毒、坍塌、爆炸等多种危险，消防员的安全管理一直是热点难点问题。由于空气呼吸器使用时间短，消防员遇到危险容易因为空气呼吸器气量耗尽造成伤亡，指挥员、安全员、消防员需要做好空气呼吸器气量管理工作。消防员安全管理装备多种多样，绝大部分具有空气呼吸器气量管理功能，消防站需要根据实际情况选择配备。

第一节　消防员内攻中的危险

根据不完全数据统计，自2011～2022年，共有159名消防员在灭火与应急救援过程中牺牲。消防员佩戴空气呼吸器内攻过程中主要面临高温烟气、轰燃、回燃、坍塌、爆炸、爆燃、坠落等多种危险。

一、高温烟气危险

火灾会产生大量烟气，特别是封闭建筑、地下建筑，由于对外开口少，空气供应不足，烟气难以排出，燃烧不充分，不仅产生大量的浓烟，还产生大量有毒气体。火灾烟气的成分比较复杂，它不仅取决于可燃物的种类，而且与火灾现场的通风条件、建筑物结构以及有无外热源等客观因素相关。随着各种新型合成材料的出现和广泛应用，这些材料在火灾燃烧条件下会形成大量的窒息性或中毒性烟气。

火场烟气是一种混合物，主要包括：可燃物裂解或燃烧产生的气相产物，如未燃烟气、水蒸气、CO_2、CO及多种有毒或腐蚀性气体；由于卷吸而进入的空气；多种微小的固体颗粒和液滴等悬浮物。目前，已知的火灾中有毒烟气的种类或有毒烟气的成分有数十种，包括无机类有毒有害气体（CO、CO_2、NO_2、HCl、HBr、H_2S、NH_3、HF、SO_2、HCN等）和有机类有毒有害气体（光气、醛类气体等）。还有些学者将火灾产生的细颗粒物（属于气溶胶范畴）、烟雾（0.01～10μm的固体颗粒与液体颗粒混合形成）和可能产生的重金属粉末也归入火灾产生的有毒有害物质。

建筑室内火灾温度一般情况下可达到600℃以上，轰燃时可达到1000℃以上，高温烟气是火灾蔓延的主要媒介，高温烟气很容易穿过孔洞、竖井、闷顶等，流动到建筑的各个部位。烟气流动到哪里，就把高温带到哪里，当温度超过可燃物的燃点，就会引起燃烧，造成火灾蔓延。火灾烟气的危害还表现为减光性，烟气中的固体颗粒游离碳和干馏粒子及高沸点液滴对光线有吸收、反射、折射等作用，从而对可见光起到遮蔽作用，高浓度烟气会降低火场能见度，严重影响了消防员的行动视线。

消防员在高温、高热辐射的烟气中作业，容易导致热衰竭、热射病、烧伤等伤害，甚至造成致命的危险。消防员进入烟雾弥漫的楼层搜救时视线受阻，行动缓慢，一旦时间过长，所佩戴的空气呼吸器内的空气就会消耗殆尽，经过测试，空气呼吸器在火场中的使用时间通常小于30min，而在充满浓烟的建筑内又容易迷失方向，导致消防员无法撤出而窒息死亡。如，2009年某高层建筑火灾，一名指挥员在带领搜救小组搜救过程中因烟雾吸入性窒息牺牲，六名消防员不同程度受伤。

二、轰燃和回燃危险

（一）轰燃

轰燃是室内高温引起可燃物热分解，产生大量可燃气体，达到400～600℃时即发生全面和猛烈燃烧的现象，现场环境温度可瞬间达到700℃以上。在通风能够满足的情况下，室内火灾表现为燃料控制燃烧，只要室内有足够的可燃物并持续燃烧，燃烧生成的热烟气在顶棚下的积累，将使顶棚和墙壁上部受到加热；同时，这个部位温度的升高又以辐射形式增大反馈到可燃物的热通量。随着燃烧的持续，热烟气层的厚度和温度都在不断增加，使得可燃物的燃烧速率不断增大。随着可燃物燃烧速率的增大，当室内火源的释热速率达到发生轰燃时的临界释热速率时，室内所有可燃物表面同时燃烧，就会发生轰燃。轰燃的出现是燃烧释放的热量大量积累的结果，这标志着火灾猛烈阶段的开始。

轰燃现象可用以下几点描述：室内火灾由局部燃烧向全面燃烧转变，室内可燃物表面全部燃烧；室内火灾由燃料控制燃烧向通风控制燃烧转变；室内顶棚下方积聚的未燃气体或蒸气突然着火，从而造成火焰迅速扩大。

轰燃是火灾进入猛烈燃烧、全面燃烧的标志，危害十分严重。室内火灾一旦达到轰燃，被困人员在无外力帮助的情况下，逃生已无可能，容易造成群死群伤，消防员在个人防护装备不全面的情况下，也容易出现伤亡。建筑室内火灾发生轰燃的瞬间，会产生较大的火风压，可能将消防员推出窗户、阳台等作战阵地，造成伤亡。2002年某市小区居民楼五楼发生一起火灾，四名消防员协同破拆开受灾住户的防盗门后，刚刚准备射水，室内突然发生轰燃，轰燃的火焰充斥了受灾住户的所有房间，形成全面燃烧，巨大的热浪将四名消防员推离门口，并造成不同程度的烧伤。建筑室内火灾发生轰燃后，燃烧温度迅速上升，对建筑结构破坏力大，容易引起建筑倒塌，造成消防员伤亡。

（二）回燃

回燃主要是指建筑火灾在通风受限时由于新鲜空气的大量补充，热烟气再次强烈燃烧的一种特殊的火灾行为。在燃料能够满足的情况下，室内火灾表现为通风控制燃烧。在门、窗户关闭等较差的通风条件下，可能的通风途径是通过与室内相通的小孔、裂缝等。当火灾加热房间内部时，室内边界的气体向外排出，使内外的压力差减小甚至被平衡掉。当热烟气层下降时，可用的氧气不断减少，燃烧效率不断下降。过剩的热解产物积聚在上层，形成了富含燃料的热烟气层。如果通风条件得不到改善，这种前导火灾会随着时间而减弱，最后熄灭。但此时一旦通风条件改善，如突然打开门窗等行为，空气会以重力流的形式补充进来与室内的可燃气体混合。当混合气被灰烬点燃后，就会形成大强度、快速的火焰传播，在室内燃烧的同时，在通风口外形成巨大的火球，从而同时对室内和室外造成危害。

回燃严重威胁消防内攻人员的生命安全，到达现场后，为了快速地展开灭火救援行动，开辟灭火与救人通道，从而打开门窗实施灭火与救人，此时由于门窗突然打开，通风条件突然改变，大量的新鲜空气突然进入，有可能会导致强烈的回燃。其特点是突发性强、破坏性大，对被困人员和救援人员的生命安全危害极大，尤其对正在执行灭火救援任务的消防人员的安全形成严重威胁。2014年某高层居民区发生火灾，消防员在破拆救人时，室内火灾发生回燃，火风压将2名消防队员从窗口推出，造成牺牲。

回燃还会引起火势的快速蔓延，回燃本质上是烟气中的可燃组分再次燃烧的结果，是一种热烟气爆炸现象，其发生伴随着火球、冲击波和火焰射流效应的产生。在回燃发生时会产生大量的火焰和烟雾，并且从门窗和洞口喷出，使火势迅速突破原来的着火房间，火势迅速扩大会给现场作业的消防员构成严重的威胁。另外，回燃引发的火焰射流通过窗口、管道井等通道迅速引燃建筑的其他部分，造成火势快速蔓延，给灭火和救援行动带来极大的不便。

三、坍塌危险

在所有灭火救援消防员伤亡事故中，火灾中建筑坍塌所造成的人员牺牲比例最高。这类火灾事故主要发生在居民住宅、厂房、冷库、商场等场所。

（一）整体坍塌

建筑结构燃烧时间超过耐火极限或建筑负荷超出其承载能力，导致建筑整体坍塌，造成消防员牺牲。如，2003年11月3日，湖南省衡阳市衡州大厦在火灾中整体倒塌，造成20名消防员牺牲；2015年1月2日黑龙江省哈尔滨市北方南勋陶瓷大市场火灾中，起火建筑在消防员灭火过程中突然坍塌，造成5名消防员牺牲。

（二）屋顶、顶棚坍塌

屋架结构受火焰高温作用失去支撑能力坍塌造成消防员牺牲。如2005年8月2日蒙牛乳业（马鞍山）有限公司北冷库火灾中，钢结构屋顶突然坍塌，造成3名消防员牺牲。

（三）墙体倒塌

墙体受高热膨胀或外力作用引发坍塌事故，造成消防员牺牲。2010年4月7日，阳谷某塑胶公司发生火灾，由于钢屋架烧塌，墙体外倒，1名消防员牺牲，2名消防员受伤。

（四）横梁和大梁坍塌

由于建筑结构先天设计或建筑材料遇高温失去承重等，横梁或大梁坍塌。如2008年7月17日上海市奉贤区雷盛德奎有限公司塑料车间发生火灾，一根60多米大梁突然坍塌，造成3名消防员当场牺牲。

（五）楼板坍塌

过火时间较长且超出承重能力致楼板坍塌。如1998年10月26日河南商丘市宁陵县新华商厦火灾中，二楼突然坍塌，造成3名消防员牺牲。

四、爆炸危险

（一）重质油罐爆炸

在重质油罐火灾扑救过程中，因油罐水垫层或灭火用水流入，在高温作用下，油罐突然发生沸溢或喷溅，造成消防员牺牲。如1989年8月12日黄岛油库爆炸喷溅火灾，导致山东省青岛市公安消防支队14名消防员牺牲。

（二）危险化学品爆炸

危险化学品爆炸事故包括易燃气体、易燃液体蒸气爆炸，易燃固体、自燃物品、遇湿易燃物品的爆炸等。爆炸的主要特征是能够产生冲击波。冲击波的作用可因爆炸物质的性质和数量以及蒸气云封闭程度、周围环境而变化。爆炸的危害作用主要由冲击波的超高压引起，爆炸初始冲击波的压力可达100～200MPa，以每秒几千米的速度在空气中传播。当冲击波大面积作用于建筑物时，波阵面上的压力在0.02～0.03MPa内就能对大部分砖木结构的建筑造成严重破坏，在无掩蔽情况下，人员无法承受0.02MPa的冲击波作用。

（三）货、油船舱爆炸

当封闭于货、油船舱内的油蒸气和空气混合达到爆炸极限时，遇明火即可发生猛烈爆炸，造成消防员牺牲。如1994年3月13日，在扑救某船厂火灾时，因右舷储油舱废油受热过度，突然发生爆炸，1名消防员牺牲。

（四）花炮厂爆炸

花炮厂一般建在远离居民区的山地上，如发生山火，极易引发花炮厂爆炸，直接造成正在扑救火灾的消防员牺牲。2008年3月4日，江西省萍乡市上栗县发生山火，并引燃花炮厂仓库爆炸，造成正在扑救火灾的2名消防救援人员牺牲。

五、坠落危险

主要发生高空坠落、掉落，或掉入高温蓄水井、蓄水池、管道井中。

（一）从雨棚上坠落

消防员在雨棚上设置水枪堵截灭火时，雨棚失去支撑作用坍塌致消防员牺牲。如1999年4月1日，吉林梅河口市某公司车库火灾中，雨棚突然坍塌，造成5名消防员牺牲。

（二）掉入高温水井或水池

扑救堆垛或厂矿火灾时，高温水井、水池被杂物覆盖，不易被发现，很容易导致消防员伤亡。如2006年10月17日，江西省靖安县远南竹材有限公司火灾扑救中，3名消防员掉入直径1.5m、深9m的高温蓄水井中牺牲。

（三）由楼顶坠落

2007年4月26日，大连市一居民楼火灾扑救中，1名消防员利用绳索从六层楼顶下至601房间卧室窗口破拆进入火灾现场救人时，因保护绳被烧断坠地牺牲。

第二节 消防员气量管理

在灭火救援过程中，消防员佩戴空气呼吸器（简称空呼）作业，空气呼吸器的气量是有限的，因此，消防员作业的时间受到空呼气量的限制。目前，消防员佩戴空气呼吸器能够工作的时间还比较短，再加上进入和撤出需要的气量，工作时间更加有限，一旦气量不足，消防员无法撤出至安全环境，空气呼吸器气量耗尽后，在有毒有害的环境中摘除空呼，将导致消防员伤亡事故的发生。因此，消防员必须做好空气呼吸器使用时的气量管理，避免由于气量不足发生安全事故。

一、空气呼吸器使用时间

要做好空气呼吸器气量管理，消防员首先需要清楚、熟知空气呼吸器的使用时间。空气呼吸器的理论使用时间可以用公式进行计算，经过计算，中等劳动强度下，30MPa的6.8L气瓶的空呼使用时间约为68min，9L气瓶的空呼使用时间约为90min，但实际使用时间受劳动强度、初始压力、消防员个体差异等多种因素影响，往往比理论时间短很多。有学者对空气呼吸器使用时间进行了测试，初始压力为25～26MPa，使用时间为开始时间至低压报警前的时间，所有参加测试的人员全部着全套灭火防护服，并携带腰斧、手套、呼救器，按照原地静坐、匀速快走和负重25kg登楼三种方式测试，测试的具体使用时间见表7-1。

表7-1　空气呼吸器使用时间表

气瓶容积	原地静坐	匀速快走			负重25 kg 登楼		
	平均使用时间	最短使用时间	最长使用时间	平均使用时间	最短使用时间	最长使用时间	平均使用时间
6.8L	71min50s	20min12s	30min05s	23min50s	13min54s	17min50s	14min50s
9L	>2h	25min50s	31min45s	27min40s	15min25s	18min45s	17min10s

从表7-1可以看出，低压报警前，消耗20MPa的压力消防员原地静坐，6.8L气瓶平均使用时间为71min50s，9L气瓶平均使用时间超过2h，虽然静坐时使用时间长，但消防员在灭火救援现场不会静止不动，除非是受伤、被困、等待救援的情况。消耗20MPa的压力消防员匀速快走，6.8L气瓶平均使用时间为23min50s，每分钟消耗气量为0.84MPa，9L气瓶平均使用时间为27min40s，每分钟消耗气量为0.72MPa，消防员在不进行救人、破拆、负重登楼等大体力消耗下，空气呼吸器使用时间小于半小时。消耗20MPa的压力消防员负重25kg登楼，6.8L气瓶平均使用时间为14min50s，每分钟消耗气量为1.35MPa，9L气瓶平均使用时间为17min10s，每分钟消耗气量为1.17MPa，消防员在大体力消耗的情况下，空气呼吸器的使用时间很短，一般小于20min，甚至小于15min。

通过实验可以看出，在低压报警前，空气呼吸器的使用时间通常在15～30min。消防员应根据空呼的容积、压力和自身的耗气量等因素，合理把握空气呼吸器的使用时间，养成定时查看压力表的好习惯，根据压力表的压力估算剩余使用时间，及时确定空呼的撤出压力，保证空气呼吸器使用安全。另外，佩戴空气呼吸器作业过程中，消防员还要注意采用合理的呼吸方式，增加呼吸深度，降低呼吸频率，平静、放松心情，避免不必要的紧张、着急。消防救援队伍应注重对消防员空气呼吸器使用的训练，设置模拟灭火救援现场作业的空气呼吸器耗气训练科目，训练消防员采用合理的呼吸方式进行呼吸，测试消防员佩戴空气呼吸器作业时间，使消防员掌握自身空气呼吸器使用时间，还可以通过提高空气呼吸器使用前压力、使用9L气瓶等方式，延长空气呼吸器的使用时间。

空气呼吸器在5MPa时报警器会报警，通过表7-1可以计算报警器报警后空呼的使用时间，消防员原地静坐，6.8L气瓶平均剩余使用时间为17min57s，9L气瓶平均剩余使用时间超过23min45s；消防员匀速快走，6.8L气瓶平均剩余使用时间为5min58s，9L气瓶平均剩余使用时间为6min55s；消防员负重25kg登楼，6.8L气瓶平均剩余使用时间为3min43s，9L气瓶平均剩余使用时间为4min18s。可以看出，空气呼吸器报警后，消防员原地等待救援，空气呼吸器剩余使用时间为20min左右；匀速快走撤出现场，空气呼吸器剩余使用时间为6min左右；负重、救人撤出，空气呼吸器剩余使用时间为4min左右。作业中消防员需要估算当时情况下撤出现场需要的时间，确定撤出的压力，并且留有一定的余量，以确保安全。

二、撤出压力

撤出压力是指消防员从作业地点开始撤出时的空气呼吸器压力。

由于消防员从作业地点撤出至安全区域消耗的空呼气量不尽相同，另外还要留有一定的应急气量，因此，撤出压力的确定是气量管理的一个重要问题。

目前，大部分消防救援队伍在消防员训练与灭火救援时，规定的撤出压力为报警压力，消防员长期以来接受、形成的观念也是报警器报警后撤出现场。消防员作业位置距离出口比较近时，空呼报警后撤出是可以的，空呼剩余使用时间足够消防员到达安全的环境。但是，当消防员作业位置距离出口远，比如，高层建筑、城市综合体、大跨度厂房等火灾现场，撤出过程中障碍物多，行进困难，甚至撤出时救援被困人员气量消耗大等情况下，消防员在空气呼吸器报警后才撤出，就有可能导致消防员还未到达出口位置空气呼吸器气量耗尽，造成消防员被困、伤亡。因此，如果在所有的情况下，都按照空气呼吸器报警压力作为撤出压力，不能够保证每次作业的安全，容易导致消防员伤亡，撤出压力需要更为科学的界定。

之所以长期以来将空气呼吸器报警压力作为撤出压力，原因可能是厂家提供的空气呼吸器说明书。说明书通常会有“在使用过程中，如果报警器起鸣，使用者应立即撤离现场”的表述，说明书要求报警器报警应立即撤离现场，表达的含义为报警器报警后必须撤离现场，但并不是要求只有报警器报警才可以撤离现场，因此，不应简单地按照说明书的表述，确定现场消防员空气呼吸器的撤出压力。

根据国外空气呼吸器使用相关规程，可以将撤出压力规定为“撤出时的空气呼吸器压力应确保消防员撤出至安全环境时，空气呼吸器仍有一定的剩余压力”。撤出压力这样规定首先保证了消防员撤出时有足够的空气呼吸器压力到达安全的环境，另外，在到达安全环境时还需要剩余一定压力作为安全冗余，以防止意外发生，比如撤出所需压力估计不准，撤出过程中路线变化、开辟通道等增加气量消耗的情况。

到达安全环境时剩余的压力值，消防救援队伍可以根据实际情况做出规定，但不应规定为0，即“在空气呼吸器气量耗尽前，撤出至安全的环境”，消防员会认为只要在空呼耗尽前撤至出口或接近出口即可，在实际灭火救援中，撤出压力是估算出的压力，存在误差，另外，现场实际情况千变万化，会有很多意外的情况，气量消耗增加、误差和意外都会导致消防员在危险环境中气量耗尽，出现被困、伤亡，因此，不能规定为0，应有一定的安全余量，不能完全按估算值作为撤出压力。国外有消防部门从保证消防员安全出发，将该值规定为空气呼吸器报警压力，即“撤出压力为保证消防员在空气呼吸器报警前，撤出至安全的环境”，消防员在现场撤出中能够使用的空气呼吸器压力为撤出压力减去报警压力，该安全冗余是较高的。

规定撤出至安全区域时的空气呼吸器剩余压力为多少，是一个非常值得思考的问题，该值不宜过低，过低会导致安全冗余低，容易出现消防员伤亡，也不宜过高，过高会导致消防员现场作业的时间短。消防员要较早地从现场撤出，消防救援队伍需要根据实际规定本单位的剩余压力值。

三、撤出压力的估算方法

根据同组消防员同进同出的原则，内攻小组确定撤出压力时，应该以空气呼吸器压力最低的消防员为基准，确保在任一消防员到达剩余压力前，内攻小组撤出至安全环境。如前所述，剩余压力是消防救援队伍规定的到达安全区域空气呼吸器的剩余压力，下面以剩余压力5MPa为例，介绍撤出压力的估算方法。

撤出压力第一种计算方法，适用于消防员佩戴空气呼吸器执行行进的任务，比如侦察、搜索等，该方法设定消防员佩戴空气呼吸器进入火场后，一直向火场内部行进，到达撤出压力后，消防员沿原路返回。具体计算方法为：当消防员到达建筑物入口并佩戴空气呼吸器后，消防员记下空气呼吸器的初始压力，消防员通过将初始压力减去剩余压力，然后除以2，再加上剩余压力来计算撤出压力。该计算方法也可以变换为初始压力除以2，再与剩余压力的一半相加。

例如，进入初始压力为28MPa，剩余压力为5MPa，撤出压力为（28MPa–5MPa）/2+5MPa =16.5MPa，用变化后的方法计算28MPa/2+5MPa/2=16.5MPa，消防员在空气呼吸器压力到达16.5MPa时，应开始撤出。

该方法能够让消防员在进入时就可以估算撤出压力，安全员也可以利用该方法估算消防员的撤出压力，提醒消防员及时撤出。

撤出压力第二种计算方法，适用于当内攻小组进入一个危险区域并工作一段时间的情况，该方法设定消防员到达作业地点与撤出作业地点消耗的空气呼吸器压力相同，消防员始终在作业地点附近作业。具体计算方法为：消防员记下空气呼吸器进入时的初始压力，到达作业地点后记录空气呼吸器的压力，用初始压力减去到达作业地点时的压力计算出进入消耗的压力，将进入消耗的压力和剩余压力相加之和，即为撤出压力。

例如，进入初始压力为28MPa，到达作业地点时的压力为24MPa，到达作业地点消耗的压力为28MPa–24MPa=4MPa，剩余压力为5MPa，撤出压力为4MPa+5MPa=9MPa，消防员在空气呼吸器压力到达9MPa时，应开始撤出。

以上方法为撤出压力的理论计算方法，在现场还要考虑内攻小组执行的任务、现场环境条件、消防员的身体条件等因素，以确定内攻小组的撤出压力。

四、负责气量管理的人员

（一）佩戴空气呼吸器消防员

在灭火救援现场，一旦接到命令需要进入风险区域或者使用空气呼吸器时，佩戴空气呼吸器消防员应负责管理自己的空气呼吸器气量，定时查看空气呼吸器压力表，掌握空气呼吸器余量，计算空气呼吸器剩余使用时间，确定撤出压力，并向内攻小组组长及时报告空气呼吸器压力，以及空气呼吸器损坏、故障等突发情况。

（二）内攻小组组长

内攻小组组长应对小组内所有消防员的气量管理负责，掌握组员的空气呼吸器压力，确定小组撤出压力，以确保内攻小组在任何一名消防员到达规定的空气呼吸器剩余压力前，撤出至安全环境。内攻小组组长应及时提醒其他小组成员定时查看压力表读数，并向安全员汇报小组空气呼吸器压力、小组位置等情况，根据小组情况，及时向指挥员请求增援、轮换。内攻小组组长应掌握组员空气呼吸器压力，以小组最大剩余工作时间为目的，将工作在小组内进行合理分配，例如，轮流让空气呼吸器压力较高的消防员进行破拆、救人等体力消耗大的作业。

（三）安全员

按照要求，安全员应检查内攻小组消防员个人安全防护措施，记录和掌握内攻小组人员数量、空气呼吸器压力、作业时间、作业位置等信息，定时联络内攻小组组长，掌握内攻小组空气呼吸器剩余压力，确定内攻小组撤出压力，确保内攻小组在任何小组成员到达规定的空气呼吸器剩余压力前，撤出至安全环境。安全员应及时更新行动信息，提示安全注意事项，发现爆炸、坠落、毒害、坍塌、触电等风险或险情突变征兆，第一时间向内攻小组进行安全警示，及时发出紧急撤离信号。

（四）现场指挥员

现场指挥员应及时指定安全员，检查、督促安全员做好内攻消防员气量管理工作，根据内攻消防员的人数及时增加安全员，避免安全员管理的消防员过多。如果到场的消防员人数少，无法指定安全员时，指挥员应兼任安全员，对内攻小组进行气量管理。

第三节　消防员安全管理装备

要做好佩戴空气呼吸器消防员的安全管理，最好借助专业的器材、装备，保证有效的安全管理，提高管理效率。随着对消防员安全的日益重视，科学技术的发展进步，消防员安全管理装备不断更新。当前，消防员安全管理装备主要有内攻记录板、空气呼吸器监测指挥系统、消防员内攻登记管理系统、消防员综合定位系统等。

一、内攻记录板

当前在灭火救援现场，如图7-1所示，还有不少安全员登记内攻消防员信息采用文件夹、纸、笔的方式进行，有些没有制式表格，容易出现记录信息不全、易污损等情况，信息更新时无法擦写，安全员记录、查看都需要用手托住文件夹，书写较为困难，无法解放双手，在雨天无法使用。针对纸笔记录的弊端，有必要设计专门的内攻记录板。

▲ 图7-1　纸笔记录

如图7-2所示，部分消防救援队伍设计、制作了内攻记录板，用于记录内攻消防员的信息。

▲ 图7-2　内攻记录板

有的记录板带有支架，如图7-3所示，可以解放安全员的双手，记录板更大，信息更为清晰，也可以记录更多的信息，比如火场情况、平面图等。

▲ 图7-3　带支架的内攻记录板

2020年11月，应急管理部消防救援局下发了《空气呼吸器管控记录板》，如图7-4所示，该记录板每个内攻小组有单独的秒表计时，但该记录板整体较大，有些信息重复，在实际使用中可以进一步改进。

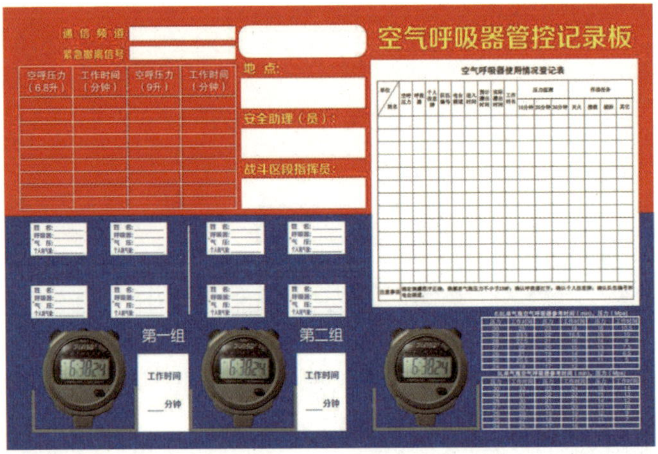

▲图7-4　空气呼吸器管控记录板

香港消防使用的入口指挥记录板如图7-5所示，记录板整体为黑色，上方记录地点、入口指挥主管、分组指挥主管、入口指挥编号、

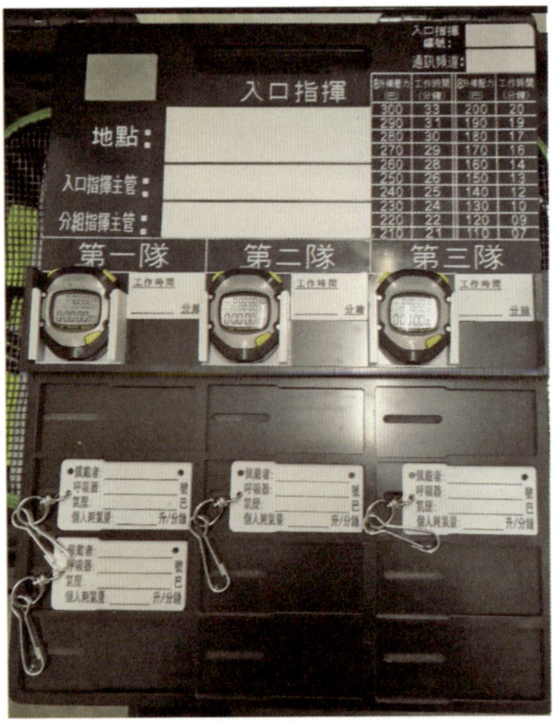

▲图7-5　香港消防入口指挥记录板

通信频道等信息，上方右侧为气瓶压力与工作时间对应表，中部为内攻小组计时秒表，共可以管理三个小组，每个小组最多四名队员，下方为个人标牌卡槽，个人标牌较大，为白色，用以记录佩戴者、空气呼吸器编号、气瓶压力、个人耗气量，个人标牌平时由消防员个人携带，内攻进入时将个人标牌交于安全员，安全员将标牌插入记录板卡槽，消防员撤出后取回个人标牌。

香港消防入口指挥记录板设计简洁明了，结构紧凑，尤其是秒表与个人标牌的使用，可以有效提高管理效率，记录板没有支架，在现场使用时，通常放于入口指挥箱上方，背靠指挥箱拉杆，如图7-6所示。该记录板整体较小，无法记录内攻小组位置、现场情况等信息。

▲图7-6　香港消防入口指挥记录板现场使用

国外消防员较早使用的内攻消防员进入记录板，如图7-7所示，记录板整体为白色，左侧为个人标牌插槽，个人标牌为黄色，中间区域用于记录信息，右侧有钟表，配备坚固的支架，便于灭火救援现场使用。

▲ 图7-7　国外消防员使用的进入记录板

结合国内外内攻消防员进入记录板情况，笔者设计制作了一套记录板，记录板包括身份标牌和消防员进入控制记录板两部分。

如图7-8所示，消防员身份标牌整体设计为黄色，身份标牌左侧开孔，用于连接钥匙扣，方便消防员随身携带。身份标牌左侧区域印有“姓名”，用于记录消防员姓名，右侧区域分为“气瓶压力”

▲ 图7-8　身份标牌设计图

“气瓶容积”上下两部分，分别用于记录消防员所佩戴的空气呼吸器的气瓶压力和气瓶容积。

消防员进入控制记录板设计如图7-9所示，顶端为镂空提手，方便拿取与携带。提手下方为记录板标题。在提手左右两边分别是“单位”和“地点”的记录区域，“单位”用于记录消防站的名称，“地点”用丁记录灭火救援的地点。标题下方设计了5列信息栏，分别是“身份标牌”“进入时间”“预计撤出时间”“作业地点”以及“备注”。“身份标牌”栏为卡槽形式，用于插入进入灭火救援现场的

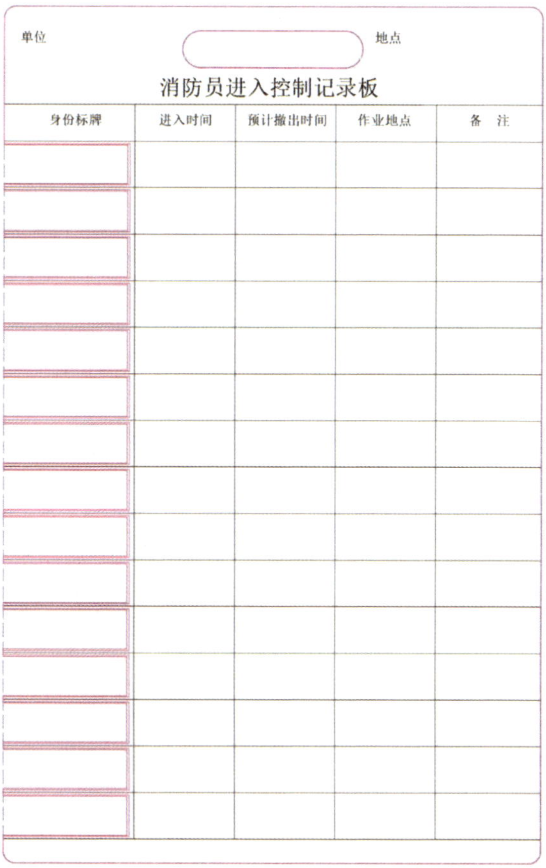

▲ 图7-9 消防员进入控制记录板设计图

内攻消防员的身份标牌。“进入时间”栏记录内攻消防员佩戴空气呼吸器进入现场的时间。“预计撤出时间”栏记录根据空气呼吸器剩余压力预估的消防员撤出时间。“作业地点”栏用于记录内攻消防员作业的位置。“备注”栏用于记录现场或消防员其他信息。进入控制记录板共15行，可以管理15名内攻消防员。实际使用中应配备支架，方便放置记录板，便于记录和解放双手，配备白板笔、记号笔、记号笔擦除剂、板擦等，还可以在记录板“单位”下方粘贴固定电子钟表，方便读取、记录时间。

进入控制记录板具体的使用方法为，消防站根据站内消防员人数，确定进入控制记录板和消防员身份标牌所需的数量。在身份标牌上填写消防员的姓名，空气呼吸器气瓶压力、容积等信息，并将身份标牌用钥匙扣连接到该消防员所使用空气呼吸器的肩带上，如图7-10所示。

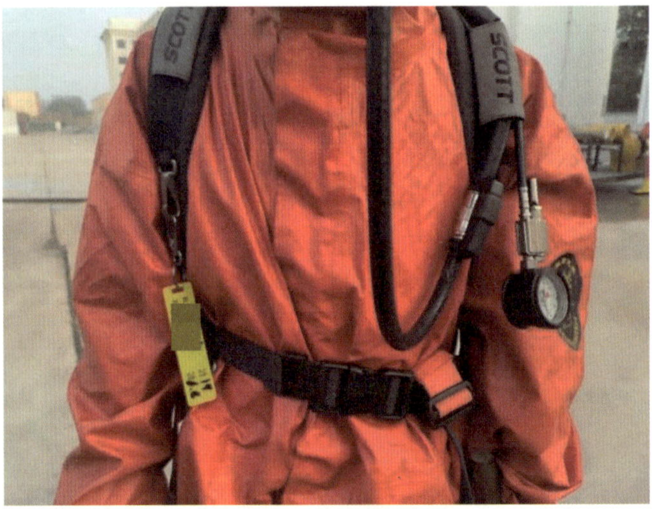

▲图7-10　身份标牌悬挂

消防队在接到火灾、其他事故报警到达现场后，指挥员根据现场情况下达佩戴空气呼吸器进入的命令后，应建立空气呼吸器进入控制点，控制点的位置应靠近灭火救援现场入口，无烟气、塌落等危险，环境安全，噪声较低，易于被发现。安全员携带记录板到达进入控制点，支起支架，架上记录板并确保稳固，随后在进入控制记录板上填写现场相关信息，如图7-11所示。根据现场事故规模和处置需求，内攻人员较多或有多个内攻入口时，应设置多个进入控制点，并对每个进入控制点进行编号。

▲图7-11　进入控制记录板架设

消防员接到佩戴空气呼吸器进入的命令，检查、佩戴好空气呼吸器后，在进入控制点将自己的身份标牌交给安全员，安全员检查内攻消防员空气呼吸器的佩戴情况，完善身份标牌上的信息后，将身份标牌插入进入控制记录板的卡槽，标注内攻小组组长，记录进入时间、预计撤出时间、作业地点等信息，如图7-12所示。完成上述工作后，内攻消防员方可进入现场。

▲ 图7-12　安全员记录信息

在佩戴空气呼吸器消防员进入现场后，安全员应与内攻消防员保持通信联络，根据消防员空气呼吸器压力估算撤出时间，更新消防员作业的位置，在到达撤出时间后提醒消防员及时撤出。如果消防员出现失去联系、被困等紧急情况时，立即向指挥员汇报，采取合理的措施处置。内攻消防员撤出到达进入控制点后，卸除空气呼吸器，并从安全员处取回身份标牌，安全员可以擦除相关信息，内攻消防员再次进入时，重复上述过程。

二、空气呼吸器监测指挥系统

针对安全员只能通过对讲机询问内攻消防员空气呼吸器压力的情况，为实现安全员实时监测内攻消防员空气呼吸器压力，部分厂家研发了空气呼吸器监测指挥系统。系统通常包括后场监控指挥中心、个人监控单元、搜救器、中继器等，部分系统还包括心率监测、气体检测等模块，实现了安全员实时监测内攻消防员空气呼吸器压力、心率、高度、环境温度等信息，紧急情况下可以利用监测指挥系统向内攻消防员发出撤出命令，内攻消防员也可以请求撤出，实现安全员和内攻消防员的信息交流，为确保内攻消防员的生命安全提供保障。如图7-13所示，后场监控指挥中心终端电脑运行系统控制软件，通过远距离无线通信与个人监控单元传输数据，实时显示空呼压力，还可以利用标签读写器将消防员身份信息写入身份/功能标签。

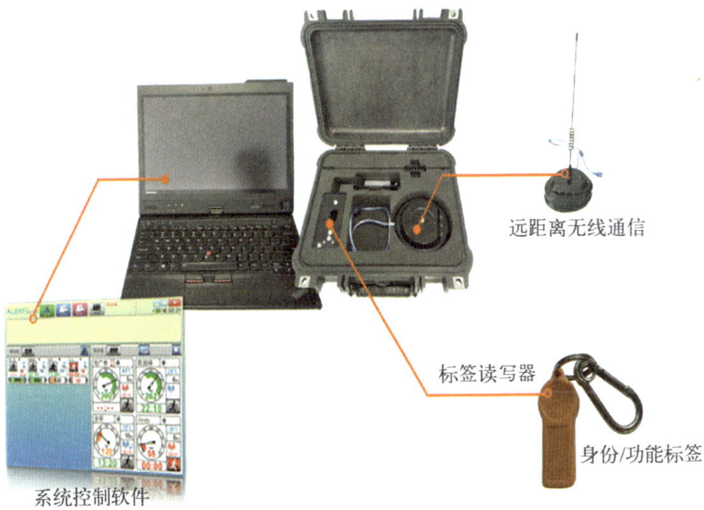

▲图7-13　后场监控指挥中心

个人监控单元如图7-14所示，打开气瓶阀自动开启监控单元，进入检测状态，机械、数字两种方式显示气瓶压力，集成呼救器功能，包括静止报警、主动求救报警等，根据呼吸频率计算剩余空气呼吸器使用时间，气瓶压力下降到报警压力时自动触发声光报警，自动搜寻所属后场监控指挥中心，自动接收与发送报警信息。

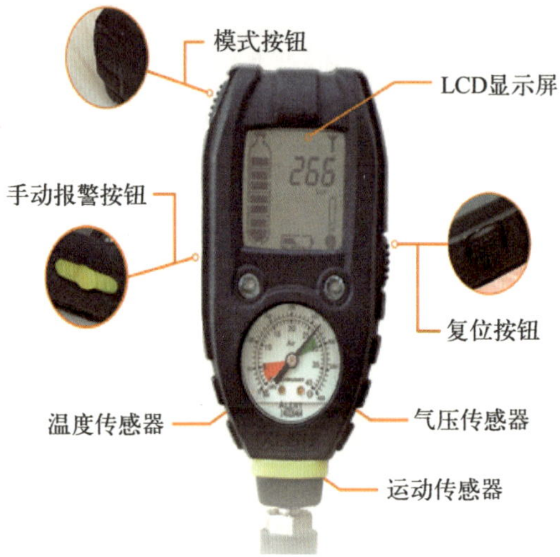

▲ 图7-14　个人监控单元

系统使用时，首先利用标签读写器将消防员信息写入身份标签，再将标签信息复制到个人监控单元。在灭火救援现场，打开后场电脑的监控系统软件，具有个人监控单元的空气呼吸器气瓶阀开启后，自动登录监控系统软件。如图7-15所示，通过监控系统软件，可以实时监测消防员的空气呼吸器压力、剩余使用时间、环境温度、相对高度等信息，接收来自消防员个人终端的静止报警、手动报警、压力报警、温度报警等，向消防员、小组、全体消防员发送撤离命令。

▲图7-15　监控系统软件界面

如图7-16所示，有些国外空气呼吸器厂家研发了记录板形式的空气呼吸器监测指挥系统，功能与上述电脑式监测指挥系统类似，

▲图7-16　记录板形式的监测指挥系统

可以连续传输和监控消防员佩戴的空气呼吸器的压力、报警、温度、电池电量等信息，实现消防员逃生、撤离双向通信，可以通过电子智能监控器发出信号以及信号接收确认，实现自动呼救和消防员主动呼救。监控终端采用手写记录板设计，符合消防员使用习惯，配备三脚架及支撑架，可灵活放置。配备中继器、泄漏馈线，适用于高层、地铁、隧道等地形复杂、弯折较多的环境，可有效延长通信传输距离。

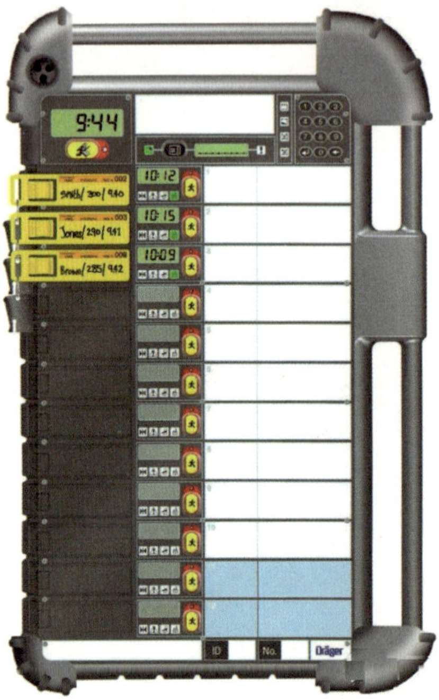

▲图7-17　控制面板

该监测指挥系统主要由控制面板、空气呼吸器、便携无线电、电子智能监控器、中继器等组成。如图7-17所示，控制面板可同时最多监测12名消防员的空气呼吸器，具有实时显示空气呼吸器压力、温度、数据储存等功能。控制面板左侧标牌为内置芯片的消防员个人标牌，控制面板插入个人标牌后自动启动监测，在个人标牌右侧显示屏可以显示空气呼吸器压力、设定的报警时间、温度、作业时间，显示屏右侧为个人逃生指令按钮，显示屏下方为通信、请求撤离、主动呼救、自动呼救指示灯，个人逃生指令按钮右侧区域为白板，可以手写记录消防员预计撤出时间、位置、任务等信息。

该监测指挥系统的使用方法如图7-18所示，在灭火救援现场，安全员携带控制面板在入口位置支起支架，架上控制面板并确保稳固。内攻消防员从自己的空气呼吸器压力表上拔下个人标牌交给安全员，安全员检查内攻消防员的空气呼吸器佩戴情况，查看压力表，在个人标牌上记录消防员姓名、空气呼吸器压力、进入时间等信息，将个人标牌插入控制面板的卡槽，控制面板与消防员空气呼吸器建立通信，实时显示气瓶压力，安全员在右侧空白区域记录其他信息。

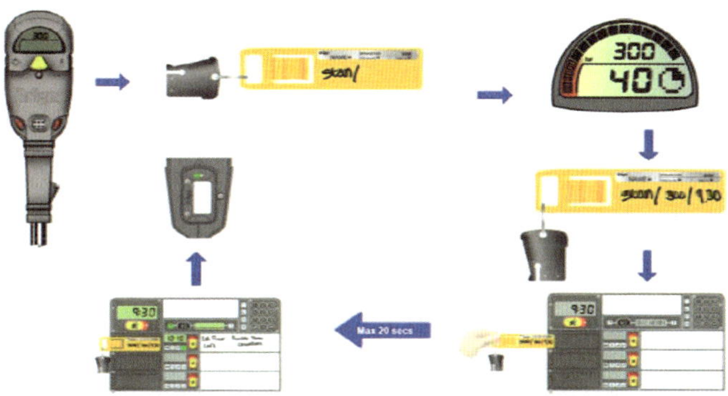

▲ 图7-18　监测指挥系统工作流程

内攻消防员作业完毕撤出后，如图7-19所示，安全员从控制面板上拔出个人标牌，擦除控制面板上该消防员的相关信息，擦除个

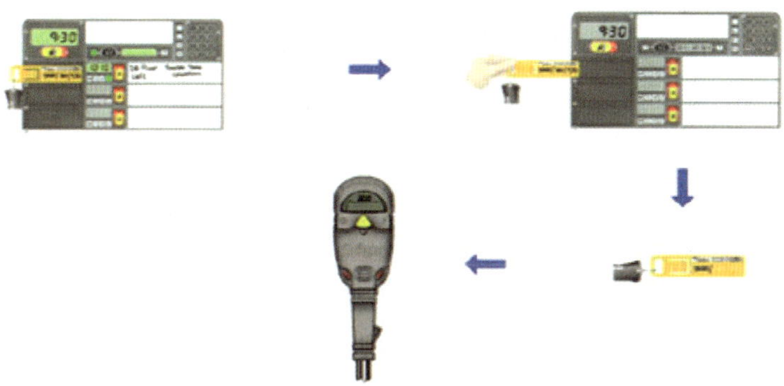

▲ 图7-19　监测指挥系统消防员撤出

人标牌上空气呼吸器压力、进入时间，将个人标牌归还给消防员，消防员将个人标牌插入空气呼吸器压力表。

近年来也有国内厂家研发了记录板形式的空气呼吸器监测指挥系统，如图7-20所示，系统主要包括内攻安全指挥板、身份铭牌、消防员呼救器、空气呼吸器等设备，可对内攻人员时刻进行远程监控，实时采集显示空呼压力、生命体征、报警状态、环境温度等信息，可及时对内攻人员定向发送撤离命令。内攻登记时安全员在入口处快速架设内攻安全指挥板，将消防员身份铭牌插入指挥板，监控消防员呼救器、空气呼吸器等设备，显示进出现场的时间、空气呼吸器压力、人员身份等关键信息，任务执行完毕，必须取回身份铭牌才能关闭设备，形成进入登记、撤出登记闭环管理。

▲图7-20　空气呼吸器监测指挥系统

电脑式和记录板式两种空气呼吸器监测指挥系统，都能够实现对内攻消防员空气呼吸器压力、温度等信息的实时显示，都能够向内攻消防员全体或个人发送紧急撤离指令，两个系统相比较，记录板系统布置简单，操作方便，可以记录内攻消防员与现场信息，信息显示清晰明了，通过身份标牌的使用，管理更为有效，更加符合灭火救援现场对内攻消防员监控、管理的需求。

三、消防员内攻登记管理系统

针对内攻消防员登记困难，部分厂家研制了消防员内攻登记管理系统，如图7-21所示，系统通常由平板电脑、扫描装置、个人标签构成，使用前对个人标签进行写卡操作，把人员信息写入个人标签。

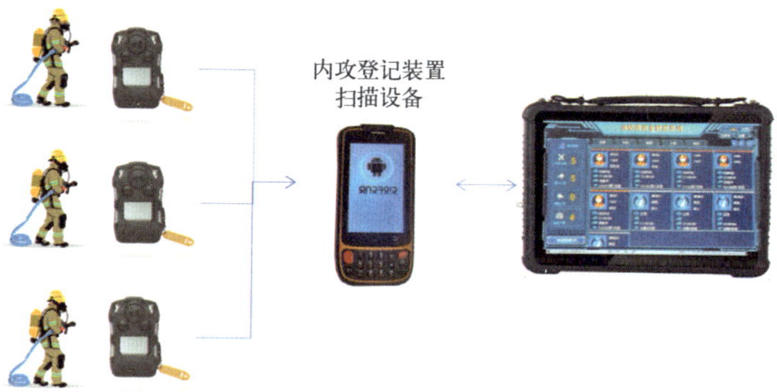

▲ 图7-21 消防员内攻登记管理系统

灭火救援现场，安全员携带平板电脑、扫描装置在内攻入口处，如图7-22所示，安全员利用扫描装置扫描消防员个人标签，在平板电脑上显示消防员信息并记录内攻消防员进入时间。

四、消防员综合定位系统

当前消防救援队伍配备了一定数量的消防员综合定位系统，在灭火救援现场可以利用该系统对内攻消防员进行安全管理。综合定位系

▲图7-22　安全员扫描登记内攻消防员

统依托室内测距定位、北斗/GPS定位、窄带及宽带自组网融合等先进技术与手段，实现快速登记内攻人员、定位室内外消防员、监控空气呼吸器及生命体征，利用窄带、宽带自组网及有线、无线中继传输技术，提高复杂环境通信覆盖能力，提升了现场安全管控指挥效能。

消防员综合定位系统主要由生命体征监测装置、综合定位单兵终端、综合定位信标、内攻登记装置和综合定位平板终端等部分组成，如图7-23所示。生命体征监测装置实时采集并在屏幕上显示人员心率，通过蓝牙将心率数值传输至综合定位单兵终端。综合定位单兵终端依靠设备自身发射信号，高精度定位消防员位置；可以准确测量人员相互间的距离，可通过数值引导，准确辨别人员所在方向；可显示和播报实时测量数据。综合定位信标可以标记安全出口、着火点、水源地等重要位置，综合定位单兵终端可以测量与定位信标之间的距离、高度差和方向，快速找到定位信标所在位置；在建筑内部署综合定位信标，可定位附近人员，并在三维模型中显示；具有中继转发功能。内攻登记装置用于扫描综合定位单兵终端、生

▲ 图7-23 消防员综合定位系统

命体征监测装置等设备，采集并在屏幕上显示进出现场人员的身份、时间、空气呼吸器压力；可以设置进入现场空气呼吸器压力合格标准，设备自动判断进入现场压力是否合格。综合定位平板终端可以快速创建建筑物三维模型，可以在三维模型中实时标绘人员位置，包括人员所在楼层以及在楼层平面中的位置，监控现场消防员室内室外位置分布、生命体征、空气呼吸器压力等，可以定点发出撤离信号。

在灭火救援现场，安全员设置内攻登记装置为登入状态，使用内攻登记装置快速扫描内攻消防员的综合定位单兵终端进行内攻登记。内攻消防员进入后，在综合定位平板终端上点击三维模型，查看内攻消防员实时位置，如图7-24所示。当消防员心率数据异常，或者人员位置偏移任务作业点位置时，须主动询问情况，根据实际情况发送撤离信号。

▲图7-24　查看内攻消防员实时位置

内攻消防员遇紧急情况时，可利用综合定位单兵终端，手动发出声光报警信号，其余综合定位单兵终端以及安全员终端、指挥站均能收到报警信息，综合定位平板终端会弹窗显示报警信息。救援被困消防员的消防员，可以利用综合定位单兵终端测量与被困消防员的距离，安全员或指挥员可利用消防员实时位置显示引导被困消防员的搜救。遇到紧急情况，可以利用综合定位平板终端一键发布紧急撤离信息，通知所有人员紧急撤离，还可在综合定位平板终端观看人员应答状态。内攻消防员从现场撤出后，安全员设置内攻登记装置为登出状态，使用内攻登记装置快速扫描内攻人员的综合定位单兵终端进行内攻登出。

五、消防员安全管理装备比较

当前内攻消防员安全管理装备多种多样，从手工记录的内攻记录板到可以实时显示空气呼吸器压力的空气呼吸器监测指挥系统，有对内攻消防员登记的内攻登记管理系统，也有可以对内攻消防员定位、综合显示多种信息的消防员综合定位系统，有采用笔记本电脑、平板电脑作为显示、控制终端的系统，也有记录板形式的终端。

从设备功能的角度，不同设备功能各有侧重，有些系统兼容了其他系统的功能，空气呼吸器监测指挥系统、消防员综合定位系统功能更为先进；从设备成本的角度，内攻记录板成本最低，其他系统成本高，按照能够实现的功能，有些系统成本高昂；从设备的可靠性角度，具备先进功能的系统主要依靠电子设备、软件系统、通信技术、定位技术等，电子设备和软件可靠性参差不齐，可能出现系统崩溃、死机等问题，无线电信号容易被屏蔽，定位技术存在精度不高的问题，这些都影响着系统的使用，而灭火救援现场需要设备和系统高度的可靠性，才能有效保证消防员的安全。消防站可以从系统功能、成本、可靠性等方面进行综合比较，选择适合本站、辖区实际，能够满足需求的内攻消防员安全管理装备。

第四节　消防员安全管理措施

一、充分做好内攻风险评估

风险评估是确保内攻作战行动安全的重要环节，由于火灾内攻危险因素多，风险高，更应做好风险评估工作。火灾扑救内攻作战行动中，常见的险情主要包括坍塌、迷失、中毒、窒息、坠落、爆炸等，这些险情严重威胁内攻消防员的安全，在内攻前和内攻中，指挥员要全面分析判断现场的风险，制定有效的战术措施，预防险情的发生。针对建筑火灾，可以参考表7-2，通过外部观察、仪器检测等方式，对火灾发展阶段、火势蔓延情况、火场主要险情及危险程度进行评估，在确保内攻作战人员安全的基础上，采取内攻作战行动。

表7-2 安全风险评估表（建筑类）

类型	要素	评估内容
建筑坍塌风险	建筑结构	木结构□ 砖木结构□ 砖混结构□ 钢结构□ 钢筋混凝土结构□ 其他□
	燃烧时间	起火时间_____时_____分 截至目前燃烧时间_____小时_____分钟
	坍塌征兆	1.承重墙出现贯通线纵向裂缝：是□ 否□ 2.承重梁混凝土保护层出现裂缝、钢筋外露、挠度增大：是□ 否□ 3.承重柱混凝土保护层开裂、钢筋屈服向外凸出、扭曲变形：是□ 否□ 4.建筑物门框变形，导致屋门无法闭合或打开：是□ 否□ 5.楼板发生挠曲、弯曲塌陷或出现呈“锅底”形状下沉：是□ 否□ 6.墙体、整体结构倾斜，发出异常声响：是□ 否□
	坍塌风险	极高□ 高□ 中□ 低□
火场烟气风险	烟气量	少□ 中□ 多□
	烟气流速	1.速度：慢□ 中□ 快□ 2.流动状态：稳定流动□ 紊流状流动□
	烟气浓度	淡□ 中□ 浓□
	烟气颜色	黑□ 灰□ 白□ 其他□
	通风情况	通风良好□ 通风受限□
	轰燃征兆	1.烟气突然变黑、变浓，流速加快，紊乱烟气充满着火空间：是□ 否□ 2.烟气（中性面）降至离地面1.5m以下，火场温度越来越高：是□ 否□ 3.烟气上层夹杂火苗：是□ 否□ 4.室内可燃物分解出白色可燃烟气，并被引燃：是□ 否□
	回燃征兆	1.烟气从紧闭的门窗缝隙中冒出：是□ 否□ 2.有大量的烟气聚积室内，窗户颜色变暗，玻璃被熏黑：是□ 否□ 3.门窗发热、可感受到透过窗户的热辐射：是□ 否□ 4.房间内无明火或火势较小，火光闪烁、趋于窒息状态：是□ 否□ 5.门窗发出类似口哨的声音，窗户出现震颤：是□ 否□
	内攻危险性	极高□ 高□ 中□ 低□

续表

<table>
<tr><th>类型</th><th>要素</th><th>评估内容</th></tr>
<tr><td rowspan="7">周边环境风险</td><td>触电危险</td><td>1.有裸露电线：是□　否□
2.切断电源：　是□　否□</td></tr>
<tr><td>爆炸危险</td><td>1.可燃气体泄漏：　是□　否□
2.存在可燃粉尘：　是□　否□
3.存在压力容器、装置，是否处在热辐射或火焰烘烤范围内：
是□　否□</td></tr>
<tr><td>中毒危险</td><td>现场存有危险化学品，是否发生泄漏或燃烧：　是□　否□</td></tr>
<tr><td>砸伤危害</td><td>存在物体坠落、倒塌的可能：　是□　否□</td></tr>
<tr><td>坠落危害</td><td>门、窗、电梯井、楼梯等部位处于完好状态，有警示标志和防护措施：
是□　否□</td></tr>
<tr><td>环境风险</td><td>极高□　高□　中□　低□</td></tr>
<tr><td>被困人员幸存率</td><td colspan="2">1.存在被困人员：　是□　否□
2.被困人员幸存率：　低□　中□　高□</td></tr>
<tr><td>综合风险评估</td><td colspan="2">极高□　高□　中□　低□</td></tr>
</table>

内攻风险评估应包括快速判断内攻面临的危险因素，评估危险因素导致险情发生的可能性与后果的严重性，对内攻风险进行综合排序，确定必须进行干预和控制的风险点，制定并实施有效的风险控制与预防措施，例如：铺设水带线路，出水预防轰燃、回燃，并掩护内攻人员作业；加强对内攻人员的监控和管理，掌握内攻人员状态、位置、空气呼吸器气量等，及时提醒其撤出，做好增援、轮换、休整等工作；在消防员内攻楼层的窗口预先架设消防梯作为消防员遇险时的紧急撤出通道等。由于现场情况不断发展变化，风险评估应在内攻前、内攻过程中多次进行，不断对风险进行判断，及时调整风险应对措施，不应只在内攻前进行一次。

二、严格落实安全员制度

当前灭火救援现场安全员制度在实际执行中还存在一些问题，

有些现场没有安全员，有些是由指挥员或其他人员兼任安全员，消防站应严格落实安全员制度，充分发挥安全员职能作用，做好灭火救援现场安全管理工作。

（一）安全员能力要求

① 在灭火救援岗位工作5年以上；

② 具有健康的身体状态和过硬的心理素质；

③ 具有良好的语言表达和协调沟通能力；

④ 具有较为丰富的实战和管理工作经验。

（二）安全员职责任务

① 评估和监测灾情发展态势，分析可能存在的风险隐患，提示指战员安全行动注意事项；

② 对内攻作战和进入处置核心区人员的个人安全防护措施进行检查记录，实时了解掌握参战人员安全状态，全程管控行动安全；

③ 检查和督促紧急救援小组做好应急准备，随时执行紧急救援和梯次轮换任务；

④ 协助指挥员制定紧急撤离方案，明确撤离信号、路线和安全集结区，并告知参战人员；

⑤ 开展作战行动安全检查，纠正或制止不安全行为，发现危险征兆及时发出紧急撤离信号。

（三）安全员现场设置要求

① 指挥员应根据现场情况和作战力量部署，合理设置安全员，

指定观察哨、出入口管控等辅助人员。

② 安全员一般设置在内攻出入口、进攻起点层等相对安全、便于观察、利于指挥的部位，并设置明显标识。

③ 组织内攻行动前必须设置安全员，每个内攻入口至少设置1名安全员，根据内攻人员数量视情增设安全员。

④ 当安全员进行内部侦察或其他原因暂离岗位时，必须经指挥员批准同意，并指定专人接替安全管控工作。

（四）安全员主要工作流程

1.接警出动

① 随首车出动。

② 途中预先研判灾害事故风险，提示参战人员安全注意事项，督促做好个人安全防护。

2.风险评估

① 协助指挥员开展灾情侦察，收集掌握现场信息。

② 参照灾害事故安全风险评估表，通过外部观察、仪器检测等方式，全面快速评估现场风险，将结果报告指挥员并通报参战人员。

3.行动部署

① 协助指挥员制定紧急撤离方案，向参战人员明确撤离信号、路线和安全集结区，做好发布紧急撤离信号准备。

② 提示紧急救援小组做好应急准备工作，根据现场情况制定紧急救援方案。

4.安全管控

① 监测现场风险和不安全因素，督促落实现场警戒、禁绝火源、关阀断气等安全措施。

② 检查、督促和提示参战人员落实个人安全防护措施，记录和掌握进入危险区域人员数量、空气呼吸器压力、作业时间、作战位置等信息。

③ 定时联络内攻人员，及时更新行动信息，提示安全注意事项。

④ 发现爆炸、坠落、毒害、坍塌、触电等风险苗头或险情突变征兆，第一时间进行安全警示，及时发出紧急撤离信号。

⑤ 发现以下违反作战安全规程的行为，应及时制止与干预：

a.现场灾情风险高且超出可控范围，危及参战人员安全的；

b.未按要求落实防护等级，个人防护装备佩戴不齐全的；

c.情况不明、准备不足，在未做好安全防护措施的前提下冒险作业的；

d.未按照作战指令或部署要求贸然行动的；

e.违规操作装备，存在安全隐患的；

f.带伤（病）参与作战行动或在作战中出现体力不支、身体不适、状态不良等情况的；

g.其他违反安全行动规程的。

⑥ 即将发生可能危及参战人员安全的情况时，可以直接命令参战人员停止或暂停作战行动，并向指挥员报告。

⑦ 监听作战和紧急救援频道，收到呼救信号后，立即向指挥员报告，启动紧急救援程序，协助指挥员组织紧急救援小组开展营救，掌握救援进展，做好安全管控。

5.总结讲评

① 清点参战人员，整理安全管控记录，并向指挥员报告有关情况。

② 做好归队前安全检查和归队后安全讲评工作。

三、加强紧急救援小组的建立与设置

紧急救援小组可以在现场出现消防员被困后，第一时间进入现场展开救援，因此，指挥员应根据现场情况，及时设立紧急救援小组，在日常训练中，应加强被困消防员救援训练，确保紧急救援小组能够胜任职责任务。

（一）紧急救援小组能力要求

① 在灭火救援岗位工作5年以上的业务骨干；

② 具备良好的身体和心理素质，反应灵敏、体魄强健、善于攻坚；

③ 具有过硬的识险、避险、处险和自救互救技能；

④ 经过医疗救护等专业技能培训。

（二）紧急救援小组职责任务

紧急救援小组主要负责遇险被困消防指战员营救任务，并协助指挥员和安全员做好灭火救援现场安全管控，及时掌握内攻作战行动进程，随时保持待命状态。

（三）紧急救援小组设置要求

指挥员应根据现场情况和力量部署，确定紧急救援小组数量和待命位置，原则上按照与内攻作战人数的1∶1比例配备，可作为内攻梯次轮换力量。参战力量多且已划分战斗区域的情况下，指挥员可根据区段设置紧急救援小组。

（四）紧急救援小组行动程序

1.救援准备

（1）收集信息

辅助指挥员、安全员开展灾情侦察、风险评估等工作，了解掌握建筑结构布局、疏散通道、消防设施、内攻力量部署和位置等信息，视情况开展熟悉踏勘。

（2）安全管控

辅助安全员检查、督促和提示参战人员落实个人安全防护措施，协助做好现场警戒、分区管控等工作。

（3）集结待命

根据指挥员命令，按照小组成员任务分工准备器材装备，到达指定位置，设立集结待命区，保持与指挥员、安全员的信息沟通与通信联络。

2.救援展开

（1）启动救援

根据指挥员紧急救援指令，立即转入战斗状态。

（2）快速询情

向指挥员、安全员及参战人员，迅速了解遇险被困指战员状况，重点掌握以下信息。

① 遇险呼救情况：

a. 姓名、单位、战斗区段和任务；

b. 被困、受伤情况和大致位置；

c. 空气呼吸器压力等供气保障情况；

d. 灾情发展、内部情况和潜在风险；

e. 急需资源和营救（撤离）通道。

② 人员失联情况：

a. 失联指战员姓名、单位、战斗区段和任务；

b. 最后联络时间、行动路线、活动区域等相关情况；

c. 所在战斗小组的空气呼吸器使用时间等保障情况；

d. 预判失联指战员大致位置。

（3）制定方案

根据现场情况和询情结果，迅速制定紧急救援方案，报告指挥员协调参战力量和资源，给予通信、供气、供水、照明、协同施救、现场急救等行动支持保障，并向参战指战员通报紧急救援行动准备与开展情况。

（4）全力营救

应在确保被救指战员安全的前提下有序展开紧急救援行动。

① 营救被困指战员：

a. 根据被困人员提供的信息和评估结果，判断能否为其排除原有紧急撤离通道上的险情。

b. 险情无法排除或耗时较长时，应考虑开辟另一条紧急撤离通道。如需参战力量和车辆装备协同施救时，由指挥员统一调派，给予支持。

c. 营救中应定时与被困人员保持通信联络，不断核实、确认和校准其被困状态及位置。

d.选择建筑开口部位实施营救时，应防止通风等因素导致烟火蔓延，危及其他内攻作战人员。

e.找到被困人员后，应根据其被困状态和身体状况，快速果断运用救援技术，使其脱离困境，迅速转移至安全区域，并防止二次伤害。

② 搜救失联指战员：

a.根据现场掌握信息和失联人员最后位置，分析判断首要搜索区域，确定搜索起点和搜救方法。

b.搜索范围较大或紧急救援力量不足时，指挥员应部署安排多个紧急救援小组同时展开搜索。搜索时间较长时，应组织预备力量进行梯次轮换。

c.找到失联人员后，应根据其被困状态和身体状况，快速果断运用救援技术，使其脱离困境，迅速转移至安全区域，并防止二次伤害。

③ 转运救助：

a.单人转移遇险人员时，可采取拖拽空气呼吸器、灭火防护服和利用扁带拖拉等救助方法。

b.两人以上转移遇险人员时，可采取并排拖拽、推拉拖拽等救助方法，通过楼梯、狭窄空间等区域进行转运。

c.遇险人员丧失行动能力或失去意识时，一般按照摆正至仰卧位、复位呼救器、检查供气、转移伤员等程序进行救助。

④ 现场急救：遇险人员被救至安全区域后，应立即检查其受伤情况，协助到场医疗救护力量实施院前急救。医疗救护力量未到场前，应由经过专业培训并取得资质的人员，实施心肺复苏、止血包

扎等现场急救措施。

⑤ 送医救治：本着就快就近原则，第一时间将受伤指战员送往医院进行救治，途中应派专人跟车，及时掌握伤情进展和救治情况，向指挥员报告。

⑥ 总结讲评：行动结束后，应及时整理相关记录，向指挥员报告有关情况，做好战评总结工作。

参考文献

[1] 李谦. 呼吸器防护工程学[M]. 徐州: 中国矿业大学出版社, 2009.

[2] 赵立, 聂雅玲, 马善清. 人类用呼吸保护装备[M]. 徐州: 中国矿业大学出版社, 2009.

[3] 吴佩英, 朱江. 消防员救援与逃生[M]. 上海: 上海交通大学出版社, 2016.

[4] 李本利, 陈智慧. 消防技术装备[M]. 北京: 中国人民公安大学出版社, 2014.

[5] 公安部消防局. 装备技师培训教程[M]. 北京: 群众出版社, 2012.

[6] 公安部消防局. 消防大中队训练[M]. 昆明: 云南人民出版社, 2011.

[7] 消防救援人员业务训练系列教材编委会. 消防员入职技能训练[M]. 上海: 上海科学技术出版社, 2019.

[8] 杜欣, 李进兴, 吴义娟, 等. 灾害事故现场空气呼吸器供气性能测试与分析[J]. 消防科学与技术, 2016, 35(2): 251-254.

[9] 胡晔. 自给正压式空气呼吸器R式呼吸法测试与应用探析[J]. 中国安全生产科学技术, 2014, 10(7): 93-98.

[10] 陈建. 建筑火灾被困人员搜索中存在问题的研究及改进措施[J]. 消防技术与产品信息, 2016(3): 36-41.

[11] 姜连瑞, 张留泉. 消防员殉职统计分析及预防对策研究[J]. 武警学院学报, 2015, 31(10): 45-48.

[12] 李剑锋, 刘鑫. 佩戴空气呼吸器消防员进入控制板的设计与应用[J]. 安全, 2020, 41(8): 53-56.

[13] 李增, 裴建国, 朱红伟, 等. 消防员空气呼吸器实时监测系统的设计[J]. 电子设计工程, 2016, 24(3): 190-193.